左丘萌

——著

末春

——绘

中国妆束

宋时天气宋时衣

清华大学出版社

北京

图书在版编目（CIP）数据

中国妆束.宋时天气宋时衣 / 左丘萌著；末春绘.—北京：清华大学出版社，2024.1
（2024.12重印）

　　ISBN 978-7-302-64082-0

　　Ⅰ.①中… Ⅱ.①左…②末… Ⅲ.①服饰—研究—中国—宋代 Ⅳ.①TS941.742

中国国家版本馆CIP数据核字(2023)第129085号

责任编辑：刘一琳
封面设计：道　辙 @Compus Studio
版式设计：陈国熙
责任校对：赵丽敏
责任印制：杨　艳

出版发行：清华大学出版社
　　　　　网　　址：https://www.tup.com.cn，https://www.wqxuetang.com
　　　　　地　　址：北京清华大学学研大厦 A 座　　　邮　编：100084
　　　　　社 总 机：010-83470000　　　　　　　　　邮　购：010-62786544
　　　　　投稿与读者服务：010-62776969，c-service@tup.tsinghua.edu.cn
　　　　　质量反馈：010-62772015，zhiliang@tup.tsinghua.edu.cn
印 装 者：北京博海升彩色印刷有限公司
经　　销：全国新华书店
开　　本：160mm×240mm　　　印　张：19.25　　　插　页：2　字　数：298 千字
版　　次：2024 年 1 月第 1 版　　　　　　　　　　印　次：2024 年 12 月第 7 次印刷
定　　价：149.00 元

产品编号：085197-03

序

本书是"中国妆束"系列的宋朝一册,讲述两宋时代女性服饰的变迁。

今人对宋朝时常抱有一种刻板印象,认为当时风气保守、礼教严苛,女性似乎总是生活在压抑束缚之中,服饰也有别于唐朝的雍容开放,变得拘谨保守、一成不变。实际上,时时更易的"新样妆束"才是宋朝女性真实的生活态度——一方面是所谓"宫样妆束""内家妆束",如以往的时尚一般,新式首饰、服装、妆容先从皇室内宫的后妃宫人处流行起来,再逐渐流传、由四方仿效;另一方面,得益于当时社会的富庶繁华与高度商业化,市井女性也决不会在衣饰上亏待自己,她们同样可以时时推陈出新,甚至比之相对刻板滞后的宫廷反而有过之而无不及,可称"时样妆束"。于是,便有宋人咏唱道,"时样宫妆一样新"。

民间女子能够效仿"宫样",宫廷女子也大可尝新"时样",在如此背景下,若单一说这时候的服饰时尚是自上而下,或是自下而上,似乎都不够完备。

但无论高低士庶，宋朝女性都极其注重妆束的细节，善于将她们从日常生活、四季物候中提炼出的细微情致寄于衣饰之中。从整体来看，女性妆束造型式样向着民间偏好的轻巧便利发展，但其装饰风格依旧浸润着宫廷贵族、文人士大夫的高雅之思。若想了解两宋真实的社会风貌与审美倾向，妆束时尚是绝不能放过的部分。

本书尝试以宋时诸家诗词、笔记小说记载为核心文本线索，对照出土文物，以穿用衣物（服装）、冠梳钗钏（首饰）、梳洗打扮（妆发）三个部分，分别探寻了解当时佳人妆束流变的具体模样与组合搭配。如此强作解人，或许属于碎拆一座"七宝楼台"，会略显繁琐冗杂，令人失了读文学甚至读史的兴味；但昔时昔人的细心体贴、玲珑精巧处，裁入衣衫，绾在发上，照进镜中……真实宋朝女性的种种风姿神韵及其背后所承载的"心"的幽光，毕竟还是动人的。

想到前人成句"旧时天气旧时衣"，遂敷衍作书题。

本书时代分期

　　两宋历时计三百余年，大致以靖康元年／建炎元年（1127 年）为界限，分为北宋和南宋。按照妆束风格演变的大体概况，本书各章节篇目将按照以下分期分别进行解说：

　　一、北宋：始于宋太祖建隆元年（960 年），终于宋钦宗靖康二年（1127 年），共一百六十八年，大致可分为前中后三期：

　　1．北宋前期：宋太祖建隆元年（960 年）—宋真宗乾兴元年（1022 年）：经历太祖、太宗、真宗三朝。

　　2．北宋中期：宋仁宗天圣元年（1023 年）—宋哲宗元符三年（1100 年）：经历仁宗、英宗、神宗、哲宗四朝。

　　3．北宋后期：宋徽宗建中靖国元年（1101年）—宋钦宗靖康二年（1127年）：经历徽宗、钦宗二朝。

　　二、南宋：从高宗建炎元年（1127 年）至帝昺祥兴二年（1279 年），共一百五十三年。本书分期不与各皇帝的执政期同步，参照宋金、宋元间的和战情形，分为两期：

1．南宋前期：宋高宗建炎元年（1127）—宋理宗绍定六年（1233年）：本期为宋金两国对峙阶段，经历高宗、孝宗、光宗、宁宗朝，至理宗朝前期。

2．南宋后期：宋理宗端平元年（1234年）—帝昺祥兴二年（1279年）：本期为宋元两国对峙阶段，经历理宗朝中后期、度宗、恭帝、端宗，以南宋降元结束。

三、此外还有一些时期的相关材料会在书中有所提及：

1．宋之前的五代：从朱温代唐至赵匡胤禅周，即后梁开平元年（907年）—后周显德七年（960年），前后计五十四年。而与五代几乎同时存在的，有十个相对较小的割据政权，其中最晚的北汉被灭于宋太宗太平兴国四年（979年）。

2．与宋同时并存或稍后的辽、西夏、金、蒙古、元朝。

与赵宋王朝并列的主要政权

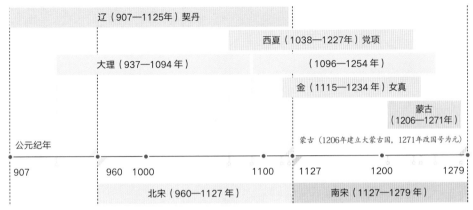

目录

天上星河转，人间帘幕垂。

凉生枕簟泪痕滋。起解罗衣聊问、夜何其。

翠贴莲蓬小，金销藕叶稀。

旧时天气旧时衣。只有情怀不似、旧家时。

——李清照《南歌子》

第一篇／穿用衣物

概说

　　开篇是李清照晚年所写的词作——衣上贴翠销金的纹饰都已逐渐残损脱落，虽还是旧时的天气，还是旧时的衣衫，但岁月也如衣衫般变得陈旧，情怀也不像旧时了。易安居士因身上解下的罗衣生出一番慨叹，今人再看宋代的衣衫，大约也会有类似的感触。正是睹物才生情，这些衣物是昔日词人追忆逝水年华、情之所寄的若干实证。

　　本篇将系统、简明地讲解两宋时期女性妆束的变迁。北宋部分的服饰流行变化有较为明显的阶层下移倾向，因此分别选取各阶层的代表人物如花蕊夫人（宫廷贵族阶层）、李清照（士大夫阶层）、李师师（庶民阶层）来设计展现当时的流行妆束形象，接下来结合具体的文献与文物分讲时尚变迁。因宋代女性妆束风格在两宋之交大体定型，随后的两章选取故事背景发生在南宋初年的《白蛇传》、名妓严蕊来分别设计展现南宋服饰的风貌，接下来结合考古发掘出土的服饰实物来直观展示当时的妆束细节。

　　为便于更为顺畅地阅读本章，需先了解一些与服饰染织工艺密切相关的名词。

织
造
部

绢　帛　　　　绢是一种经纬交织形成的平纹织物，组织细密。官府织机出产的绢名为"官机绢"；民间作为贡品缴纳的称为"户绢"。

纱　罗　　　　常见的"素纱"也是一种平纹织物，但经纬排列较"绢"更为疏松。以经过强捻、煮练的丝线来织造的纱表面有皱纹，称"縠（hú）"或"绉纱"。此外，宋代将绞纱组织和平纹组织配合显花的织物也称作纱。这类纱的显花方式有明暗两类，当时有明花天净纱、暗花牡丹纱、三法暗花纱等名目。

　　　　罗是经丝绞缠形成的特殊织物，又可根据组织的聚散差异织造出花纹。宋人极其喜爱以罗制衣。当时罗的种类极多，根据有无花纹，可分"素罗"与"花罗"，织法也有二经绞、三经绞、四经绞等差异；在二经绞花罗里，又有平纹和浮纬的差别，在三经绞花罗里，还有平纹、斜纹和隐纹的不同。根据产地差异，当时有润罗、婺（wù）罗、越罗等名品。

綾 绮　　　　綾为一种单色提花丝织物，有平纹和斜纹两类。据材质织法不同，有双丝绫、纥丝绫、白熟绫、青丝绫等。绫不只用于裁剪衣衫，还被大量用在装裱书画上。元代陶宗仪《南村辍耕录》中详细罗列了宋代装裱用绫的花色：碧鸾、白鸾、皂鸾、皂大花、碧花、姜牙、云鸾、樗蒲、大花、杂花、盘雕、涛头水波纹、仙纹、重莲、双雁、方棋、龟子、方縠纹、鸂鶒（xī chì）、枣花、鉴花、叠胜、白花、回文、白鹭花。

綺的织造方式与绫相类，只是经纬会采用异色的彩丝来织造。

织 锦　　　　锦是先染丝后织造的多重组织的彩色织物。宋代织锦基本是以图案来命名，如宋时皇帝赐给臣僚的锦袍有天下乐晕锦、盘雕法锦、翠毛细锦、黄狮子锦等，此外还有倒仙牡丹、方胜宜男、盘球云雁、方胜练鹊、宝照等名目，分别与官员的不同身份相联系。

此外还有一些特殊的锦织物。如透背锦，是指正反两面均有花纹的特殊双面锦。织成锦，是按具体服装款式所需来织造、无须再加裁剪的高级品。

缂 丝　　　　缂丝，又作"刻丝"，特点是通经断纬，将本色经丝撑于木机之上，以手工把各色纬丝按花纹轮廓分块织成平纹。花纹轮廓与垂直线相遇时留有断痕，如同刀刻，因此得名。

宋代织物品类概览

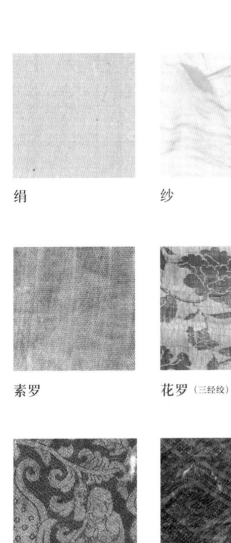

绢

纱

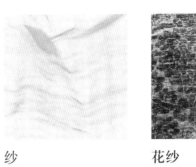

花纱

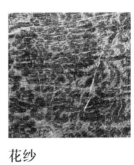

素罗

花罗（三经绞）

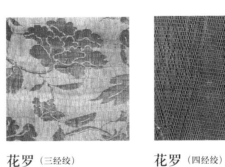

花罗（四经绞）

绫（斜纹地斜纹花）

绫（平纹地斜纹花）

绮

锦

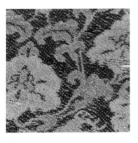

缂丝

织成

印染绣部

染色　　　　染料大部分来自植物的花叶、茎实或根皮。如染红以红花、茜草；染紫以紫草；染黄以栀子、柘木；染青蓝以靛草；染绿以鼠李。白矾和绿矾是当时常用来固色的媒染剂，民间又多以草木灰代替。对照北宋皇帝赐予高丽的丝绸类目，可知当时常见织物染色有明黄、蓝黄、浅粉红、深粉红、杏黄、栀黄、浅色、梅红、紫、云碧等。此外，当时先后出现了霞样、天水碧、油紫、太师青、茶褐、墨绿、黝紫、赤紫等特殊色彩。

染缬　　　　绞缬（xié），又名撮（cuō）缬、撮晕，即今日的扎染。用线扎结或缝钉织物，经水湿后放入染缸中浸染，被扎结或缝钉的部分不受染，待晾干后拆去线结，就会显出带有晕染效果的花纹。

　　　　夹缬，是用两块刻成对称花纹的花板将织物夹在其中，进行防染印花。宋代夹缬颇为流行，应与当时盛行的雕版印刷有关。

印绘

印花，大致分为两类，一类是将染料涂在雕刻凸起花纹的花板上，再压印在织物上；另一类是将镂空花板压在织物上，再在镂空部分涂刷颜料。

绘制，包括线描、线描填彩和彩绘等方式，通常与其他装饰工艺结合出现。

刺绣

刺绣，以彩色丝线在织物上绣出各种纹饰。宋代较为流行的衣物纹饰绣法是平针绣，此外也有锁绣、缠绣、打籽绣等。

宋代已出现了工艺成熟的双面绣。

妆金

宋人极喜爱在丝绸上饰金，即便来自朝廷的禁令不断，民间仍旧盛行不衰。参考大中祥符八年（1015年）五月朝廷颁布的诏书中，先后禁断的丝绸饰金方法就有销金、贴金、镂金、间金、戗（qiāng）金、圈金、解金、剔金、捻金、陷金、明金、泥金、楞金、背金、影金、盘金、栏金、织撚金线等。按照加工方式，今天可大致还原的有箔金、粉金和线金三类。

箔金，是将黄金打造成极薄的箔片，剪成所需图样后粘贴在织物上（贴金），有的在贴金之后，还另行在上用彩线绣制花样，底面金箔只隐约露出（影金）；或先在织物上用胶水印制花纹，再将金箔粘贴其上，最后除去多余的部分（销金）。

粉金，即将黄金研磨成金粉，调胶后作为颜料涂绘在织物表面（泥金）；或将调和金粉的颜料涂在花板上，再影印花纹在织物上（印金）。

线金，是用金线配合丝线进行织造或刺绣。

唐代印染绣工艺品类概览

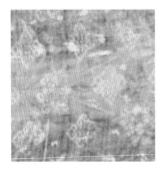

绞缬

夹缬

刺绣（平针绣）

刺绣（辫线绣）

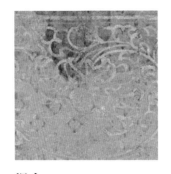

泥金

印金

印花　　　　　　　　彩绘

影金　　　　　　　　线金

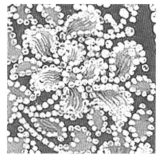

织金　　　　　　　　珠翠（宋画绘制）

君王城上竖降旗，妾在深宫那得知。
十四万人齐解甲，更无一个是男儿。

——花蕊夫人《述国亡诗》

花蕊夫人

五代宋初

且向花间留晚照

　　唐朝时，走在服饰时尚潮流最前端的，总是宫廷女性、贵族女性；可以说，那时的时尚是"贵族式的"，有着一定等级秩序，呈现自上而下的传播过程。随着晚唐五代以来频繁的战乱与政权更迭[①]，旧有礼仪规制逐渐崩坏，贵族女性的衣饰妆容变得比过去更加放纵大胆。动荡乱世里的时尚，是一种且顾眼前尽欢的麻醉剂；那些时兴妆束出现的时间及场合，大多是在各割据政权亡国之前与之后，在宫廷贵胄或御用文人的酒色欢场。直至宋朝再度迎来"天下一统"后，这样的前朝遗韵仍维系了很长时间。

　　正如当时词集《花间集》序言中所述："绮筵公子，绣幌佳人，递叶叶之花笺，文抽丽锦；举纤纤之玉指，拍按香檀。不无清绝之辞，用助妖娆之态。"所谓词，原是为歌筵酒席中演奏的流行曲调所配的唱词，属于众王孙公子与骚人墨客的即兴之作。它们背离了"诗"时代男性士人托"美人"以言己志的旧传统，直以丽辞绮语叙写男女情事。词

① 如时人陶谷在《清异录》中感慨道：五代五十年间，易姓告代，如翻鏊上饼。然官爵益滥，小人乘君子之器，富贵出于非意，视国家安危如秦越不相谋，故将相大臣得以窃享燕安。

中女子的身份是模糊的，难以说清是哪一种社会角色，但词的叙述语言和方式无疑还是"上流社会"的，词中叙述妆束时尚的内容自然也与宫闱丽人、贵族淑媛相关。

虽然并非女性语言、女性书写，也并非女性自我的生活体验与悲欢忧乐，而是以男性口吻去叙写、以男性眼光去凝视，被注视的女性反而是沉默、隐形的，只是作为赏玩与爱欲的对象而存在。但其中毕竟细致铺陈着女子的衣、女子的饰、一切与女子情思或形象相关的缠绵悱恻——所谓"绮罗香泽之态"，已然是"正统"史料所不屑记载的内容。五代时期女性妆束的具体形容，仍要借这些艳冶娇媚、典丽精工的零珠碎玉来映照。

一、内衣：抹胸、宽袴（kù）与襜（chān）裙

一只横钗坠髻（jì）丛，静眠珍簟起来慵，绣罗红嫩抹苏胸。

羞敛细蛾魂暗断，困迷无语思犹浓，小屏香霭碧山重。

——毛熙震《浣溪沙》

樱花落尽阶前月，象床愁倚薰笼。

远似去年今日，恨还同。

双鬟（huán）不整云憔悴，泪沾红抹胸。

何处相思苦，纱窗醉梦中。

——李煜《谢新恩》

以一块长巾作为女性裹胸的内衣，古已有之，名为"袜（mǒ）"（不同于足穿的"袜（wà）"），俗称"抹胸"。唐是流行长裙的时代，美人微露的雪胸之下继以一围长裙，身形也就得以尽掩在裙中；而抹胸隐在长裙之后，不会使人轻易得见。抹胸外露，是晚唐以来时装呈现的新特色。

五代前蜀皇帝王建及其妻周皇后的成都永陵中曾出土有一件女像，将抹胸的穿着形态表现得极分明——外罩的长裙上有一段宽缘裙头，但在这段裙头内仍旧露出弧月形的抹胸轮廓。研究者考证这尊女像为周皇后的写真[①]，周皇后于前蜀光天元年（918年）去世，雕像应是在稍后的时间内做成。

成都双流五代后蜀广政二十七年（964年）墓[②]出土一件女侍俑，表现的抹胸形态依旧类似。因女俑未穿外罩长裙，得以看清她掩在衣袖下的抹胸，除了外露在上的弧形部分外，下端延长到了腹部，五代时人将其称作"袜肚"或"腰巾"。因为抹胸外露，便值得使用颜色明丽、纹样精致的衣料来制作它。当时

① 张亚平."前蜀后妃墓"应为前蜀周皇后墓[J]. 四川文物, 2003, (1).

② 成都文物考古研究所, 双流县文物管理所.成都双流籍田竹林村五代后蜀双室合葬墓[J].成都考古发现, 2004.

●
五代前蜀周皇后像（本书作者构拟上色）

成都永陵博物馆藏

◀
女侍俑

成都双流五代后蜀广政二十七年（964年）墓出土

① 五代·马缟《中华古今注》卷中：盖文王所制也，谓之腰巾，但以缯为之，宫女以彩为之，名曰腰彩。至汉武帝，以四带，名曰袜肚。至灵帝，赐宫人蹙金丝合胜袜肚，亦名齐裆。

② 北宋·程颐《家世旧事》：伯叔殿直喜施而与人周……有儒生以讲说醵钱，时家无所有，偶伯祖母有珠子装抹胸，卖得十三千，尽以与之。

人将其比附为古代帝王创制，虽不足凭信，但其中罗列的"腰彩"，正反映着五代宫廷女性以彩帛裁制抹胸的时尚；所谓"蹙（cù）金丝合胜袜肚"，是绣有金丝纹样的奢侈款式。①援以图像，五代后唐同光二年（924年）王处直墓壁画中几位侍女，均是上衣之外遮一片宽装饰花片，再外又系以异色的长裙。从裙侧开衩看去，这块外露的装饰花片也延及腹部，或也可视作顶端裁作花形的外露装饰型袜腹的式样之一。

及至北宋，理学家程颐追忆家中旧事，仍记得早年自家伯祖母曾有一幅"珠子装抹胸"，甚至可以卖出十三千钱的高价②。可知入宋之后，在抹胸上的装饰之风仍未消歇。

瑟瑟罗裙金线缕，轻透鹅黄香画袴。
垂交带，盘鹦鹉，袅袅翠翘移玉步。
背人匀檀注，慢转娇波偷觑。

▶ 系装饰型袜腹的侍女
五代后唐同光二年（924年）
王处直墓壁画

敛黛春情暗许，倚屏慵不语。

——顾敻《应天长》

莺锦蝉縠（hú）馥麝脐，轻裾花草晓烟迷。
鸂鶒战金红掌坠，翠云低。
星靥（yè）笑偎霞脸畔，蹙金开襜衬银泥。
春思半和芳草嫩，碧萋萋。

——和凝《山花子》

① 咸阳市文物考古研究所．五代冯晖墓[M]．重庆：重庆出版社，2001．

② 洛阳市文物考古研究院．洛阳龙盛小学五代壁画墓发掘简报[J]．洛阳考古，2013，(1)．

　　宽大的"袴"，也是继承自中晚唐的流行。区别于来自胡族为便骑马出行、裤脚收窄且合裆的裤装，中原汉族的传统裤装搭配是内穿一件合裆的"裈（kūn）"，再外套一层只有两个中空裤腿、不加裤裆的套裤"袴"；而大口袴的式样源出潮湿闷热的南方，不加收束的裤筒本是为便散热透凉。在唐代安史之乱后，这种式样却逐渐被视作一种区别于胡服的典型汉式服装，在中原甚至北方普及。

　　因穿着这种开裆宽袴会有露出裈的风险，便需要再系一条长裙遮掩。晚唐五代以来动乱颇多，即便贵族女性也需频繁出入往来，而身着褒博的长裙终究不便行动，于是当时人想出一种折中的办法——在宽袴外加系长度短于袴的蔽膝式短裙，亦即所谓"襜裙"。

　　这种襜裙有作两片分别垂在身前与身后的式样；也有作三片，一片居中位于身前，另两片分置左右两侧。其具体形象见于五代后周显德五年（958年）冯晖墓壁画①与河南洛阳龙盛小学五代墓壁画②，侍女所穿的大口宽裤之前均挡有一片弧形或花形的襜裙。

穿有宽裤与襜裙的侍女

五代后周显德五年（958年）冯晖墓壁画

洛阳龙盛小学五代墓壁画

内蒙古巴林右旗友爱村辽墓木构小帐门彩绘

这般穿衣风尚甚至影响到了北方的辽国。如内蒙古巴林右旗友爱村辽墓[①]出土一幅绘于木构小帐门上的捧台盏侍女图，其彩缬宽裤上仍有红色的襜裙存在。内蒙古吐尔基山辽墓[②]更出土了一件襜裙的实物——宽宽的绢质裙腰上刺绣折枝花卉，在左侧留有穿孔，两对腰带在正面交系成两个蝴蝶结，结上缀数个彩丝穗；裙身为罗面绢里，正面两侧开片，垂下三个花瓣形垂片；此外，垂片上还用金、银、彩线刺绣出多组对凤团花纹饰。

至宋开宝九年（976年），宋太宗赵光义登基，大力倡导节俭，宫人便大多只系用皂绸裁制、不加装饰的襜裙了。传说宋太宗之妻李皇后以金线装饰襜裙，甚至引得太宗因其奢侈而大怒。[③]

① 巴林右旗博物馆. 内蒙古巴林右旗友爱辽墓[J]. 文物,1996,(11).

② 葛丽敏. 吐尔基山辽墓出土丝织品的保护及初步研究,文物保护研究新论：全国第十届考古与文物保护化学学术研讨会论文集[M]. 北京：文物出版社, 2008.

③ 南宋·洪迈《容斋随笔》：闻太宗时,宫人唯系皂绸襜,元德皇后尝以金线缘襜,而怒其奢。

按：宋太宗赵光义于开宝九年（976年）登基,元德皇后李氏于太平兴国二年（977年）去世,似可将本条记载限定于这段时期。

◀

刺绣凤纹罗面襜裙
内蒙古吐尔基山辽墓出土

▼

五代女性的内衣层次

服饰：上系红抹胸，下着花缬纹宽裤，外系红襜裙

① 抹胸：参考五代俑像推测。五代流行将露出的抹胸上端制作成弧形或花形

② 宽裤：裤口松敞的阔腿裤

③ 襜：形为两幅或三幅裙片不加缝合、仅在裙腰连接的"围裙"，下端也可制为弧形或花形。在日常生活中，宽裤与襜搭配可直接作为外衣。但在更正式的场合，外部还需另系长裙

① ②　　　　　　　③

二、外衣：披衫、道装与长裙

柳色披衫金缕凤，纤手轻拈红豆弄。

翠蛾双敛正含情，桃花洞，瑶台梦，一片春愁谁与共。

——和凝《天仙子》

披袍窣地红宫锦，莺语时转轻音。

碧罗冠子稳犀簪，凤凰双飐步摇金。

肌骨细匀红玉软，脸波微送春心。

娇羞不肯入鸳衾，兰膏光里两情深。

——和凝《临江仙》

将上衣的下缘掖入裙下，是唐代女性穿衣的常见做法。但自晚唐开始，贵族女性流行起一种外罩式的对襟长衣，即法门寺地宫出土衣物帐上所谓的"披衫"（单层为衫）、"披袄"（夹层为袄）。其形态特征颇规整，长身、直领、对襟、长袖，两腋下开有衣衩。为了适于穿着，领缘两边加缝有系带，以便穿着时系结，领口在身前形成狭长的"X"字形。

在继续奉唐为正统的五代军阀李克用陵墓中，就雕刻有多个穿着披衫的侍女形象。她们头梳宽博耸起的发髻，拱手于身前，披衫的衣袖并不算太宽大。

但到了十余年后，在李克用之子、后唐庄宗李存勖统治的时代，女性的衣衫已随着奢侈的世风变得愈加宽博，甚至引来庄宗的禁令。[①]不过庄宗自己也曾作《阳台梦》词，细致描述宫中美人的华丽衣装：

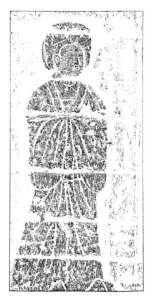

线刻侍女拓片

天祐五年（908年）李克用墓出土

① 《旧五代史》卷三十一"唐庄宗纪"同光二年（924年）诏书：近年已来，妇女服饰，异常宽博，倍费缯绫。有力之家，不计卑贱，悉衣锦绣，宜令所在纠察。

薄罗衫子金泥缝，困纤腰怯铢衣重。

笑迎移步小兰丛，辴（duǒ）金翘玉凤。

娇多情脉脉，羞把同心捻弄。

楚天云雨却相和，又入阳台梦。

　　同时期的中原文物尚未见有确切的对照，但不妨将视线投向地处西陲的敦煌地区——后唐时期，敦煌地区瓜、沙二州正值归义军节度使曹议金执政，他奉中原王朝为正朔，多次遣使、遣僧往中原的洛阳城朝见天子；不少中原的文书、绘画也因此来到敦煌，再在机缘巧合之下藏入敦煌石窟藏经洞中。二十世纪初在敦煌藏经洞中发现的《引路菩萨图》上，绘有一名高髻盛装的贵妇人，发式接近李克用墓侍女，衣裙则更宽博，反映的应即为后唐庄宗时代的妆束时尚。据此推想，这幅画像甚至可能来自洛阳，是当时某位虔信佛法的宫廷贵妇的私人供养物，再由敦煌僧人携归。如此，由时装为线索牵起"史""词"与"画"在此因缘际会，或许又能成就一段传奇故事。

少年艳质胜琼英，早晚别三清。

莲冠稳簪钿篦（bì）横，飘飘罗袖碧云轻，画难成。

迟迟少转腰身袅，翠匳眉心小。

醮坛风急杏枝香，此时恨不驾鸾皇，访刘郎。

　　　　　　　　　　——顾夐《虞美人》

敦煌石窟出土《引路菩萨图》
中的贵妇人

　　偏处西蜀的蜀国，此时也流行着宽衣大袖的服装式样。这里的时尚与道装相关——传说前蜀后主王衍在位时，生活奢华，崇道怠政，宫人们为迎合其喜好，纷纷换上道装，头戴莲花冠，身穿画有云霞的道服，更在面部以胭脂模拟出酒醉般的红色，称作"醉妆"。[①]风气渐起，西蜀民间女性也纷纷效仿起这般妆束，甚至进一步影响到了中原。

后唐时人马缟《中华古今注》中有一段针对女性"冠子"与搭配服饰的细致记载，全引如下：

冠子者，秦始皇之制也。令三妃九嫔当暑戴芙蓉冠子，以碧罗为之，插五色通草苏朵子，披浅黄丛罗衫，把云母小扇子，靸蹲凤头履以侍从。令宫人当暑戴黄罗髻，蝉冠子，五花朵子，披浅黄银泥飞云帔，把五色罗小扇子，靸金泥飞头鞋。至隋帝，于江都宫水精殿令宫人戴通天百叶冠子，插瑟瑟钿朵，皆垂珠翠，披紫罗帔，把半月雉尾扇子，靸瑞鸠头履子，谓之仙飞。其后改更实繁，不可具纪。

所谓"秦始皇""隋帝"云云，实际都是难以凭信的附会之辞，或许可以视作当时中原人对于西

① 五代后唐·孙光宪《北梦琐言》佚文：蜀王……宫人皆衣道服，簪莲花冠，施胭脂夹脸，号"醉妆"。又《旧五代史》卷一百三十六：（王）衍袭伪位……（咸康元年，925年）秋九月，衍奉其母徐妃同游于青城山，驻于上清宫。时宫人皆衣道服，顶金莲花冠，衣画云霞，望之若神仙。及侍宴，酒酣，皆免冠而退，则其髻鬖然。

▼
五代佚名绘《簪花仕女图》
辽宁省博物馆藏

蜀政权的揶揄。不过其中描述的种种衣饰名物，应当都是五代人所熟知的，展现着宫廷女性时装的奢华与纤巧——她们头上梳髻、戴花冠、簪各式人工花卉，身披轻薄罗衫，肩搭各色帔帛，手执扇凉的花样小扇，脚上趿着装饰有瑞鸟的鞋履。

夏季轻薄的罗衣，更是常常见于当时词作：

薄罗衫子透肌肤，夏日初长板阁虚。
独自凭阑无一事，水风凉处读文书。

——花蕊夫人《宫词》

相见休言有泪珠，酒阑重得叙欢娱，凤屏鸳枕宿金铺。
兰麝细香闻喘息，绮罗纤缕见肌肤，此时还恨薄情无。

——欧阳炯《浣溪沙》

云一缗，玉一梭。

澹澹衫儿薄薄罗，轻颦双黛螺。

秋风多，雨相和。

帘外芭蕉三两窠，夜长人奈何。

——李煜《长相思》

传说南唐后主李煜的皇后周娥皇曾创制"高髻纤裳"和"首翘鬓朵"等时尚妆束[1]，引来后宫女子争相效仿。今人所熟知的一卷《簪花仕女图》[2]，就极有可能是这类南唐宫廷流行妆束的直观展示——画中的宫廷贵妇们本身如同华丽人偶：峨髻高耸，博鬓蓬松，头戴来自不同季节物候的折枝花朵，簪细金丝编结而成的结条钗，涂白的面上绘"北苑妆"[3]。穿轻薄纱罗的广袖外衣，帔帛与长裙多作大撮晕缬彩绘团花。她们面上妆容秾丽到可以遮盖真实面孔，胸以下的身躯也隐在了色泽秾丽的长裙之中，但在轻薄透体的披衫之下，却大胆地露出了丰腴的臂膀。这是一种"隐"与"显"糅合的妆束风格。

如何，遣情情更多。

永日水堂帘下，敛羞蛾。

六幅罗裙窣地，微行曳碧波。

看尽满池疏雨，打团荷。

——孙光宪《思帝乡》

掩映在宽大披衫之下的长裙，往往是以多片布幅拼接，裙腰处压上褶皱，如层叠水波一般。裙褶极细密的款式，则有"百褶""千褶"之名。传说五代后唐同光年间（923—926年），庄宗李存勖

① 南宋·陆游《南唐书》卷十六：后主昭惠国后周氏，小名娥皇……后主嗣位，立为后，宠嬖专房，创为高髻纤裳，及首翘鬓朵之妆，人皆效之。

② 《簪花仕女图》曾被认为是唐代画家周昉的作品，但前人已根据考古出土文物与文献考证其实际创作年代当在晚唐五代期间（极有可能是南唐）。

③ 五代宋初·陶谷《清异录》：江南晚季，建阳进茶油花子，大小形制各别，极可爱，宫嫔缕金于面，皆以淡妆，以此花饼施于额上，时号"北苑妆"。

① 五代宋初·陶谷《清异录》：同光年，上因暇日晚霁，登兴平阁，见霞彩可人，命染院作霞样纱，作千褶裙，分赐宫嫔。是后民间尚之，竞为彩裙，号"拂拂娇"。

② 南宋·曾慥《类说》引《荆湖近事》：周行逢为武安节度使，妇人所着裙皆不缝，谓之散幅裙。或曰裙之于身，以幅多为尚，周匝于身；今乃散开，是不周也。不周不缝，是姓与名俱去矣。夫幅者福也，福已破散，其能久乎？未几行逢卒。

③ 孙杰等．成都十陵后蜀赵廷隐墓出土女乐俑服装形制考辨[J]．艺术设计研究，2021，(3)．

见晚霞可人，命宫中染院染出晚霞般颜色的纱料，制成千褶裙赐予宫嫔。民间也因此流行起类似的彩裙，称作"拂拂娇"。①

此时也产生了一些新裙式。一类如前引前蜀周皇后像上的裙装式样，因系裙位置下移，裙腰也被进一步加宽，以适应露出的胸衣。甚至如《簪花仕女图》中一般，将弧月形抹胸式样移用在了长裙之上。另一类裙装，则吸收了襜裙的装饰风格，裙不加褶，更在各幅间留出不缝合的开衩，是谓"散幅裙"。相传这是后汉乾祐三年（950年）自立为武安节度使、楚王的周行逢在位时，荆湖地区妇人流行的裙装式样。②然而卒于后蜀广政十三年（949年）的蜀国重臣赵廷隐墓中，同样也出土了穿着"散幅裙"的女俑像。③这种裙装侧边开衩，身前短，身后长，较宫廷式的曳地长裙更为便利，大概是当时民间较为普及的款式。

伎乐女俑
后蜀广政十三年（949年）赵廷隐墓出土

◀ ▶

五代女性的外衣层次

服饰:

❶ 长裙:系在宽裤与襜外的长裙。当时裙腰部位同样流行加宽制作弧形或花型的款式

❶

❷ 披衫：披垂在外的对襟衣。
当时既有直袖也有大袖的款式

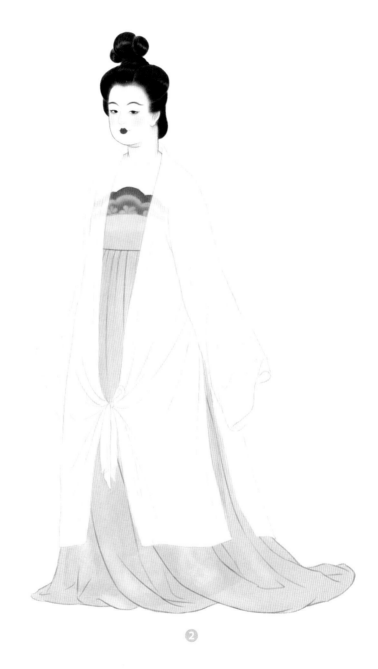

❷

三、宋初简奢波折

从五代到北宋前期，女性服装的基本式样变化不多；但从五代后周到北宋立国之初，几位帝王都大力提倡节俭。史载开宝五年（972年），宋太祖赵匡胤之女永庆公主出嫁后，一次入宫时穿一件贴绣铺翠作装饰的短衣，赵匡胤见到后，甚至吩咐女儿今后不要再在衣物上做类似的装饰，进而郑重告诫女儿，若公主穿衣如此奢华，就会引得后宫妃嫔、外戚贵眷纷纷效仿，以致民间也劳民伤财、逐利伤生。[1]上有帝王以身作则，又对皇亲贵戚加以约束，众士大夫公卿更以清节为高，乱世里"且顾眼前欢"的奢侈衣饰风貌逐渐有所收敛。

去宋不远的五代后周显德五年（958年）冯晖墓[2]壁画与石刻中的女性形象，大约正反映着这种俭约风尚带来的复古时装——披衫依旧长垂，袖式却又从大袖回到稍窄的直袖。比起工艺繁复、造价高昂的锦绣衣料，时人更喜爱用更为简易的印花或"撮缬"花样为衣衫增色，其形态应如洛阳苗北村壁画墓[3]所展现的一般。

然而到宋真宗朝咸平（998—1003年）、景德年间（1004—1007年），奢侈之风又逐渐刮起，上至士大夫之家，下至市井百姓，都为时风浸染，服装再度变得奢华。[4]宋廷多次严令禁止民间奢侈僭越，然而奢侈的根源就在宫中贵近，上行下效，禁令对民间只可压制一时，难以从根本上杜绝整体的潮流。甚至最终宋真宗自己也不得不承认，"虽累加条约，终未禁止"[5]。

① 北宋·杨亿《杨文公谈苑》：魏咸信言，故魏国长公主（永庆公主）在太祖朝，尝以贴绣铺翠襦入宫中，太祖见之，谓主曰："汝当以此与我，自今勿复为此饰。"主笑曰："此所用翠羽几何？"太祖曰："不然，主家服此，宫闱戚里皆相效，京城翠价高，小民逐利，展转贩易，伤生浸广，实汝之由。汝生长富贵，当念惜福，岂可造此恶业之端？"主惭谢。

② 咸阳市文物考古研究所. 五代冯晖墓[M]. 重庆：重庆出版社，2001.

③ 洛阳市文物考古研究院. 洛阳苗北村壁画墓发掘简报[J]. 洛阳考古，2013，(1).

④ 南宋·王栐《燕翼诒谋录》：咸平、景德以后，粉饰太平，服用浸侈，不惟士大夫之家崇尚不已，市井闾里以华靡相胜，议者病之。

⑤《续资治通鉴长编》大中祥符元年（1008年）二月：上语辅臣曰：京师士庶，迩来渐事奢侈，衣服器玩，多镂金为饰，虽累加条约，终未禁止。

① 赣州市博物馆. 慈云祥光 赣州
慈云寺塔发现北宋遗物[M]. 文物出
版社, 2019.

在山西繁峙西沿口大中祥符元年（1008 年）墓
中的壁画上，人物仍是一派五代服饰风格：女墓主
披衫长垂，肩搭帔帛；身侧侍女则以短衫搭配裤装
与襜裙。江西赣州慈云寺塔出土北宋绘画残片①中，
也仍有多个大袖披衫搭配帔帛的盛装贵妇人形象。

▲

着直袖披衫与襜裙的乐伎

五代后周显德五年（958 年）冯晖墓砖雕

▲

身穿各式印花与撮缬披衫的侍女

洛阳苗北村壁画墓出土

北宋初年女性妆束形象

发式、妆容与服饰均据同时期
壁画形象绘制

服饰：内着抹胸与裤，外系长
裙着披衫，肩披披帛

◀

女墓主与侍女像

山西繁峙西沿口大中祥符元年 (1008年)
墓壁画, 山西博物院藏

▼

身穿大袖披衫与帔帛的贵妇人

江西赣州慈云寺塔出土北宋绘画残片

四、正装：背子

在隋唐时代，背子是一件罩在上衣最外层的无袖或短袖的对襟短衣，多以精美的绣罗或织锦制作；其中更有一种"绯罗蹙金飞凤背子"，被用作宫廷女官朝服或贵族女子礼见长辈宾客的正式服装。[①]在陕西扶风法门寺地宫出土、唐代皇室为捧真身菩萨特制供奉的微缩衣物中，恰有一件半袖短身上衣，以绯罗为面，其上用金线绣出折枝花图样，每朵花蕊中钉一粒小红宝石。这应是仿自当时贵族女性真实穿用的"背子"一类衣物。[②]

因晚唐五代时流行上衣的式样由窄袖转向了宽博的大袖，搭配在最外层的背子也悄然改变了式样。对照北宋人的记载[③]，可知当时背子的袖长仍较常用衣物更短，但衣身和袖宽都加以放大，以便搭配大袖衣穿用。

时代大约在 930 年前后的内蒙古宝山辽墓[④]中，出土有《杨贵妃教鹦鹉图》壁画，画中美人均是云髻抱面，发上对插镶金的宽梳，两鬓饰金簪与半透明的钿朵，身着大袖披衫。这实际上并非真实反映杨贵妃时代的盛唐风韵，而是来自与辽同时期的中

① 五代·马缟《中华古今注》：背子，隋大业末，炀帝宫人、百官妻母等，绯罗蹙金飞凤背子，以为朝服及礼见宾客、舅姑之长服也。天宝年中，西川贡五色织成背子。

② 韩生．法门寺文物图饰[M]．北京：文物出版社，2009．

③ 北宋·高承《事物纪原·大衣》引《实录》：大袖在背子下，身与衫子齐而袖大，以为礼服。又《事物纪原·背子》详细记其式样：……衫子上朝服如背子，其制袖短于衫，身与衫齐而大袖，今又长与裙齐，而袖才宽于衫，盖自秦始也。

④ 巫鸿，李清泉．宝山辽墓 材料与释读[M]．上海：上海书画出版社，2013．

蹙金绯罗背子
陕西法门寺唐代地宫出土

① 赣州市博物馆. 慈云祥光 赣州慈云寺塔发现北宋遗物[M]. 文物出版社, 2019.

② 根据地宫出土文字资料可知, 其为北宋大中祥符四年（1011年）重修寺中真身舍利塔时所建。包括这件女衣在内的各种供奉施舍品应是在该年施入。

原画样，展现的也是当时中原的时装流行。其中的主角杨贵妃，便是在大袖衣外罩一件红地球路纹半袖衣——这大概就是五代时期的背子式样。而江西赣州慈云寺塔出土北宋绘画残片中，也依然有贵妇人在大袖衣外罩一件方格点纹的短袖背子。①由塔中同出文字材料可知，这些绘画大约绘制于北宋前期的大中祥符年间（1008—1016年）。

南京大报恩寺遗址北宋大中祥符四年（1011年）建地宫中恰好出土有一件可以与当时文字与图形相对照的衣物②——上衣同样以罗为面，上以泥金法绘制花卉与飞鸟纹饰，式样极宽博。这原本大概是当时某位女性供养人的实用衣物。

《杨贵妃教鹦鹉图》局部

内蒙古宝山 2 号辽墓出土

大袖外罩背子的贵妇人

江西赣州慈云寺塔出土北宋绘画残片

宋真宗朝女性妆束形象

发式妆容：据同时期壁画形象
绘制

服饰：因北宋前期未见整套服
饰实物出土，这里据几件零散
的服装结合文献记载进行组合

❶ 抹胸与长裙：穿在内层的衣
物（还有不外露的裤装）

❷ 黄罗大袖衫：参考文献记载
与安徽南陵宋墓出土大袖衫实
物构拟推测。原文物袖形较为
特殊，在近似背子的宽松衣袖
再接一段大袖，应是维持宋代
早期样式、衬穿在背子内层的
衣物

❸ 泥金绯罗背子：参考江苏南京北宋长干寺地宫出土实物绘制。极宽博的对襟式外衣，里衬为绢，衣面用绯色罗，上以泥金法绘制花鸟纹饰

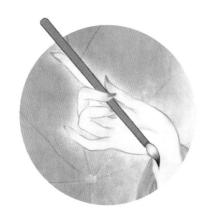

常记溪亭日暮，
沉醉不知归路。
兴尽晚回舟，误入藕花深处。
争渡，争渡，
惊起一滩鸥鹭。
——李清照《如梦令》

李清照

北宋中期

淡妆浓抹总相宜

赵宋一代立国后，朝堂政事的展开奠基于"革除五代之弊"。曾经崩坏的礼制、法度都逐步被重建，但整体又呈现出"宽仁""忠厚"的轻松氛围。这种较为开放的时代背景，鼓励着文人阶层从过去的颓靡中振起、整合，逐渐形成了与君王"共治天下"的士大夫阶层。[①]士大夫不只左右朝政，以天下兴亡为己任，还纵情肆意，追求着世俗声色。在如此风气之下，大众审美也总是以他们为导向。

一向由士人承担的风雅，进而转移到与士人密切相关的女性群体之上——她们可能是士大夫的妻母眷属，也可能是士大夫所蓄养交游的姬妾乐伎。究其背后的原因，大概有两方面：一是男性士人的儒雅风流需要知意识趣、才情不俗的女子来妆点；二是女儿家自身也希望用士族的风雅来丰富生活。为时代所限，她们不能如男子那般建功立业，但在生活中得以处处比照士人趣味，诗词歌赋、琴棋书画、结社唱和，都与士人不殊。甚至可以说，她们形成了特殊的"士女"群体，呈现出男性士人官员

① 相关研究请参见邓小南. 祖宗之法 北宋前期政治述略[M]. 北京：生活·读书·新知三联书店，2006.

或幕僚若生为女子时会呈现的模样。

彼时女郎的入时妆束，也总是以"士女"群体的好尚为标杆。尽管士大夫阶层或文人群体对此少有正面的文字记载，但若干蛛丝马迹仍会时时在宋人笔记或词作中散逸出来。从中得以发现，妆束呈现出了一些有别于五代宋初的新气象：种种时装都不再如往昔那般被视作浪漫的"传奇"或"传说"，而是细细融入日常生活。女性妆束同样也在"革除五代之弊"，逐渐舍弃了前朝种种浮夸的奢华奇巧，整体呈现出内敛含蓄、清雅秀美的风格。

一、仁宗朝（1022—1063 年）

宋仁宗继位后，"约己以先天下"，明确表现出节俭之念。他在景祐三年（1036 年）八月下诏，对天下士庶之家的舆服式样在制度上作了详细规定①。但随后，仁宗自己就屡屡违制，常给予自己的宠妃张氏超出常规的赏赐，对她在衣饰用度上的逾越也一再包容；只有在爱妃衣装引起他人纷纷效仿时，仁宗才不得不稍加管束。

一次风波是关于张贵妃的珍珠首饰。庆历年间（1041—1048 年），宫中获得一批来自广州的珍珠，仁宗与后宫妃嫔一同观赏。张贵妃颇有欲得之色，仁宗会意，将珍珠尽数赐予。众妃嫔顺势也向仁宗求取，仁宗无奈，只得令人再去市面采买。一时间，京城珠价陡增。为平抑珠价，敦促宫中不再崇尚珍珠，仁宗与爱妃谋划了一场表演：一日，恰逢宫中赏牡丹之时，张贵妃已将珍珠做成首饰，正向同辈夸耀，仁宗见状假作嫌弃道："满头白纷纷，更没些忌讳！"张贵妃赶紧将珍珠首饰换下，仁宗这才显露高兴神色，就地取材，赐每位妃嫔各簪牡丹一朵。因宫中不再崇尚珍珠，民间自然珠价大减。[①]

此后，张贵妃依旧寻求在衣饰时尚上出风头的机会。仍是在庆历年间，适逢上元节临近，张贵妃向在成都任职的官员文彦博示意需求新异花色的织锦，文彦博遂献上"灯笼锦"。这是一种红底上织出金色莲花与灯笼的珍异织锦。上元节时，张贵妃身穿一身灯笼锦裁就的新衣亮相，果然引得仁宗注目，文彦博也借此赢得上位机遇。[②]

统治者自身就在不断违制，朝廷对世间服饰的次次禁令也大多收效甚微，凡是人们喜爱的，总能得以流行推广。如皇祐元年（1049年），京城女性效法宫中时尚，流行以白角制作的宽冠长梳为头饰，甚至引来朝廷禁令和官员对民间戴用这类时尚首饰的女性大加刑责，可是百姓莫不对此嗤之以鼻，甚至编了歌谣来笑话禁令。[③]

直到嘉祐七年（1062年）时，司马光在上疏中一针见血地提到，宫廷才是风俗的源头，百姓庶民们也总是效法权贵近幸间的流行时尚；奢侈的时风一吹，从京师的士大夫，到远方的军民，自然衣物用度都崇尚起华而不实来。[④]

然而，无论是在宫廷还是民间，人们都在太平盛世里沉浸太久，奢侈享乐的大势已不能回转。

虽然衣装上的奢侈风尚时盛时衰，或显或隐，但随着仁宗朝以来针对礼仪服饰的相关规制不断完

① 北宋·胡仔《苕溪渔隐丛话》。

② 北宋·梅尧臣《碧云騢》。又梅尧臣《书窜》一诗详述"灯笼锦"的式样：红经纬金缕，排料斗八七。比比双莲花，籥灯戴心出。

③ 北宋·江休复《醴泉笔录》：钱明逸知开封府，时都下妇人白角冠阔四尺，梳一尺余。禁官上疏禁之，重其罚，告者有赏。冠名曰垂肩，至有长三尺者，梳长亦逾尺。又《续资治通鉴长编》皇祐元年十月：……御史刘元瑜以为服妖，请禁止之，故有是诏。妇人多被刑责，大为识者所嗤，都下作歌词以嘲之。

④《续资治通鉴长编》嘉祐七年五月司马光上疏：宫掖者，风俗之源也；贵近者，众庶之法也。故宫掖之所尚，则外必为之；贵近之所好，则下必效之，自然之势也。是以内自京师士大夫，外及远方之人，下及军中士伍、畎亩农民，其服食器用比于数十年之前，毕华靡而不实矣。向之所有，今人见之皆以为鄙陋笑之矣。

① 北宋·刘斧《青琐高议》中收入的秦醇《温泉记西蜀张俞遇太真》。

善，以往贵族女性流行的广袖披衫的时装逐渐被升格成为一种礼制化服装，专用于隆重场合，不再出现于日常服饰之中。

一则宋人杜撰的神异故事，与当时时尚变迁有关——故事的主体，是讲西蜀人张俞在路过骊山温泉时，梦中与杨贵妃的一场艳遇①。虽故事本身只算文人的庸俗幻想，但作者大概是为了增加可信度，特别在故事中让杨贵妃这位唐朝最大的时尚偶像关注起宋朝女性的穿戴潮流来——杨贵妃问："今之妇人首饰衣服如何？"来者答："多用白角为冠，金珠为饰。民间多用两川红紫。"而接下来杨贵妃取出自己的旧衣作比较，则是"长裙大袍，凤冠口衔珠翠玉翘，但金钗若今之常所用者也，他皆不同"。

故事中来者讲述的宋朝妇人时装，正对应仁宗朝的潮流——民间女性也头戴白角与金珠制作的华丽冠饰，同时效仿当时的宫廷时尚先锋张贵妃，喜爱用来自川蜀的红紫色衣料裁制衣衫。

但故事中对杨贵妃旧衣的一番描述，实际并非真正杨贵妃时代衣装的真相，而是宋人所熟知的五代妆束。在清宫旧藏的《宋宣祖后像》（宣祖后即宋朝太祖与太宗之母，主要生活在五代时期）上，便能看到所谓"广袖大袍、凤冠口衔珠翠玉翘"——这幅画的源头可能只是一帧时装写真，因像主身份逐渐尊崇，画面经由北宋宫廷转摹添改，才多出了反映等级的珠翠凤冠和霞帔等饰物，一身时装被升格为有着严密规制的礼装。这种广袖对襟的大袖衣，在宋人眼里成为后妃命妇的常礼服或民间女性的大礼服，称作"大衣"。

宋宣祖后像

台北故宫博物院藏

① 苏州博物馆. 江阴北宋"瑞昌县君"孙四娘子墓[J]. 文物, 1982, （12）.

绮袖时宜不甚宽，自拈刀尺勘双鸾。
锦茵拂掠春宵静，怯见飞蛾傍烛盘。

——张公庠《宫词》

孔雀罗衫窄窄裁，珠襦微露凤头鞋。

——石延年《句》其七

● 供养人像
北宋庆历四年（1044 年）金银书《妙法莲华经》局部／即墨市博物馆藏

再来看当时士族阶层女性的流行妆束，应如即墨市博物馆藏北宋庆历四年（1044 年）金银书《妙法莲华经》写卷上的供养人一般。这是当时果州西充县抱戴里住民何子芝一家为亡母杨氏抄写制作的奉佛之物，各卷均画有杨氏领首、何子芝夫妇随后的供养人形象。婆媳二人均头戴花冠，上身罩一件松阔的直袖短衫，两襟在胸前由纽带系起，腰束曳地长裙，肩臂间绕有垂下的帔帛。

北宋至和二年（1055 年）瑞昌县君孙四娘子墓中有多个侍奉在座椅之侧的侍女木俑①，对照来看，侍女们的穿衣模式也和供养人基本类似，内着抹胸，下系长裙，外罩直袖短衫；相较奉佛的盛装，只是少了帔帛，裙装也更短些。

这类穿搭方式实际上仍延续着唐朝女性日常衣装的组合方式，若杨贵妃真能见到，大概是不会如宋人所想象那般大感惊讶的。只是当时将上衣松敞在外、裙腰低系甚至抹胸外露的穿法，是杨贵妃不曾见过的、晚唐五代以来的新风尚。

◀ 侍女木俑
北宋至和二年（1055 年）瑞昌县君孙四娘子墓出土

◀

宋仁宗朝女性妆束形象

发式妆容与服饰据同时期文字
记载与绘画组合构拟

发式妆容：头梳高髻，鬓插长
梳，戴等肩冠

服饰：身着直袖衫与长裙，手臂
间披挂帔帛

二、神宗朝（1068—1085 年）

> 垂柳阴阴日初永，蔗浆酪粉金盘冷。
>
> 帘额低垂紫燕忙，蜜脾已满黄蜂静。
>
> 高楼睡起翠眉嚬，枕破斜红未肯匀。
>
> 玉腕半揎云碧袖，楼前知有断肠人。
>
> ——苏轼《木兰花令·四时词·夏》

① 苏轼《与蔡景繁书》：然云蓝小袖者，近辄生一子，想闻之一拊掌也。

元丰四年（1081 年），苏轼被贬官前往黄州，爱姬朝云相随同去，该词即苏轼在黄州时为朝云所作。红颜知己宽解了苏轼落魄的愁肠，至元丰六年（1083 年），朝云已为苏轼诞下一子。苏轼极高兴，写信告知友人，信中径将朝云称作"云蓝小袖者"①，想必是因为友人见过朝云，却不晓其名，所以苏轼以她当日所穿的衣衫来称呼。

这种小袖正是当时出现的新式时装，是一种兼顾贵族与庶民审美的"折中主义"款式。它的衣身依旧延续着宽缓的制式，袖式却颇见新意——袖根部分依旧松敞宽大，然而越向手延展便越渐收缩，至袖口处已变得颇为窄小。之所以这般处理袖口，自是为了方便日常行动。这大概是士大夫官僚家庭中的女性吸纳民间劳动女性服装款式的创制。她们无法像养尊处优的贵族阶层女性那样完全脱离劳动，在持家生活中，时时仍有"深院无人剪刀响，应将白纻作春衣""象床素手熨寒衣，烁烁风灯动华屋"的劳作情景，但毕竟家境较平民百姓宽裕得多，用得起多余的衣料，也有闲情在衣上加以装饰。

如台北故宫博物院藏《韩熙载夜宴图》残卷，研究者已考证其为一个较早的北宋摹本[①]，画面全不似原画应属的五代南唐背景。其中女性人物身穿宽松的对襟开衩小袖短衫衣式，已呈现出苏轼、朝云时代的流行时装风貌。推想当时摹绘的北宋画师大概不喜五代南唐的奢华穿衣方式，只是借用原本古画的构图，创作出"士大夫交游、娇姬美妾在侧"这种更迎合时世风貌的图景来。

百叠漪漪风皱，六铢纵纵云轻。
植立含风广殿，微闻环佩摇声。
——苏轼《梦中赋裙带》

① 张朋川.《韩熙载夜宴图》系列图本的图像比较：五议《韩熙载夜宴图》图像[J].南京艺术学院学报·美术与设计，2010，(3)．

▼
《韩熙载夜宴图》残卷
台北故宫博物院藏

与北宋女性裙装关联的一个著名典故,来源于苏轼自己所记的两次神异梦境——嘉祐元年(1056年),苏轼为参加科举考试首次出川赴京,在途经唐华清宫旧址时,梦见唐玄宗命他为杨贵妃的裙装赋诗,苏轼当即作《梦中赋裙带》诗一首,醒来便将诗记了下来。多年以后,已经为官的苏轼被贬杭州,却又梦见神宗皇帝召他入宫作文章;苏轼圆满完成任务,在出宫之际,他斜眼往相送的宫人看去,发现她的裙带上俨然是昔年自己为杨贵妃所题的诗句。①

诗中所谓"百叠",是指裙上层叠的褶皱多;"六铢",则是以夸张的数字来形容用料极为轻薄,仅有六铢(约60克)重。这样的款式,显然是苏轼时代的女裙式样,不可能穿到真正的杨贵妃身上。它大概延续着五代后唐宫廷"千褶裙"的风貌,只是逐步向下普及开来,成为士族官僚日常也能见到的流行式样"百叠裙"。

与五代时层叠裙装的雍容华贵不同,此时的轻裙碎褶是为美人的弱柳腰肢而设,因此独爱轻薄的纱罗材质。这种式样常常见于北宋词家的吟咏,"血色轻罗碎褶裙"(张先《南乡子》)、"几褶湘裙烟缕细"(晏几道《浣溪沙》)、"轻裙碎褶晓风微,弱柳腰肢稳称衣"(李之仪《写裙带》);甚至时人写菊花的层叠花瓣,也要用这种时兴的褶裙来比拟:"重重叠叠,娜衾裙千褶"(陈师道《清平乐·官样黄》)。

宋神宗朝女性妆束形象

发式妆容与服饰据同时期文字记载与绘画组合构拟

发式妆容：头梳云鬟

服饰：内着抹胸长裙，外搭一件或多件宽松的小袖式上衣，形成交叠错落的形态。这类上衣是袖根宽松，袖口收小的款式，多为对襟式，但因裁剪宽松，两领也可叠穿

三、哲宗朝（1086—1100 年）

在哲宗一朝，过去士族阶层女子流行的小袖服装样式已受到逐步富裕崛起的市民阶层的青睐，迅速普及流行开来。河南白沙宋墓 1 号墓的壁画上对这类女衣形式多有展现。如《梳妆图》壁画中居中女子正扬举手臂戴冠，正可现出衣袖宽松的袖根部分与收得极窄小的袖口部分。对照该墓题记与地券文字可知，墓主赵大翁葬于北宋元符二年（1099年），当属没有官职功名的富裕百姓阶层。[1]

安徽南陵铁拐宋墓出土的衣物中，恰有多件对襟短衫的实物，维持宽身阔袖的松缓样式，袖口却缩得颇小。墓主安康郡太君管氏为北宋名臣徐勣之母。她大约在徽宗朝崇宁年间（1102—1106 年）去世，但这些衣装并未追逐徽宗朝年轻女子流行的

① 宿白. 白沙宋墓[M]. 北京：文物出版社，1957.

《梳妆图》壁画（摹本）

河南白沙宋墓 1 号墓出土

① 北宋·司马光《书仪》：（笄礼）宾致祝词后为之加冠、笄，赞者为之施首饰，宾揖笄者，适房，改服背子。（斩衰）用极粗生布为大袖及长裙，布头须恶竹发布盖头，粗麻履，众妾以背子代大袖。（齐衰）妇人以布稍细者为背子及裙，露髻，生白绢为头须盖头，着白履。

② 《宋会要辑稿·后妃一》：哲宗晨昏定省，（向太后）乃必衣背子见之。一日偶供不逮，止服常服，乃逊谢不已。或曰："母见子何过恭？"后曰："子虽幼，君也；母虽尊，以慢礼见君，可乎？"

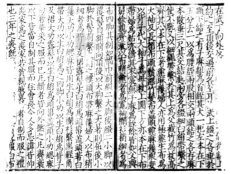

宋刻本《书仪》
中国国家图书馆藏

"时世妆束"，仍维持着她青年时代的旧样，带有一定前代的妆束风格。

此外尚需一提，北宋中期以来，以往女性流行的长披衫衣式逐渐和正装"背子"合流，成为一种仅次于大袖的正式衣物。如神宗元丰四年（1081 年）司马光为士庶制定礼仪规制的《书仪》一书中，再次提及"背子"这种衣物，女性在笄礼中便需穿用背子，服丧时也以背子作为仅次于大袖的正式衣物。① 这种衣式的具体式样，大概类似管氏墓中出土的一件半袖衣，它依旧维持着五代宋初的褒博宽大式样，穿着时下摆垂及腿部；同时其袖展也进一步延长——这大概是因为原来背子是罩穿在大袖之外，随着大袖被升格为礼服，而背子作为次一等的正装，内衬的衣物变作小袖衫子，背子的袖长可以不必为袖口展开的大袖让步，于是得以进一步延长。

直到哲宗时代，背子仍具一定的正装意味。史载向太后（宋神宗皇后）在其子宋哲宗晨昏定省时，必定要穿背子；如果只穿日常服装而未及穿上背子，她就会道歉谢罪不已。有人问道：母亲见儿子，何必这般谦恭？向太后却认为，哲宗虽年幼，却是国君，即便作为母亲，也不宜用轻慢的礼仪见国君。②

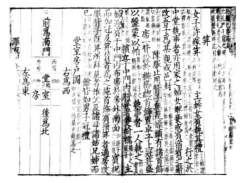

宋哲宗朝女性妆束形象

发式与妆容：据时期壁画、首饰实物组合推测

服饰：安徽南陵铁拐宋墓出土了完整成套的服饰实物。这里在文物基础上参考同时期流行纹饰色彩进行设计绘制

❶ 抹胸与裤装：穿在最里层的衣物。因外裙腰身较短，裤装也偶尔会露出

❷ 印花黄绢小袖：袖根宽松、袖口收窄、衣身两侧开衩的短上衣。这类小袖一般用作日常衣物，或衬穿在正式衣物之下

③ 百叠裙：有细密褶皱的裙装，裙腰收得很短，仅可围身一周

④ 绿罗背子：极宽大的长外衣，衣身两侧开衩，看似半袖，实际穿着起来披垂在身，袖端也达到大约手腕部位。这类款式在北宋中后期已日渐普及，但仍是较正式的款式

元祐八年（1093年）上元节，丞相吕惠卿的夫人参与宫中举办的宴会，出宫后向亲友言说宫中情形，称出席宴会的太皇太后高氏、太后向氏穿黄背子，衣无华彩；哲宗之母太妃朱氏则穿红背子，上用珍珠作为装饰。[1]可见这时背子仍被上层当作正式衣装。

背子与日常服装的等差在同时代文物中反映得颇为清晰。如河南方城金汤寨北宋绍圣甲戌年（1094年）范通直墓[2]出土的石雕女像，一位双手袖于怀中的年长女性，头戴冠，小袖衫外罩穿一件袖口更宽、下摆垂及足的背子；而另一位头梳双鬟的少女，则身着对襟短衣，拦腰系一条褶裙。

扬州出土的一方"宋故邵府君夫人王氏之像"线刻画像[3]，同样将背子与衫子的等差展现得相当明确。侍奉在侧的婢女穿小袖短衫，下系褶裙；坐于椅上的

① 北宋·李廌《师友谈记》。

② 刘玉生. 河南省方城县出土宋代石俑[J]. 文物, 1983, (8).

③ 吴雨窗. 扬州出土的宋代石刻线画[J]. 文物, 1958, (4).

石俑
北宋绍圣甲戌年（1094年）
范通直墓出土，河南博物院藏

宋故邵府君夫人王氏之像
江苏扬州出土，江苏省博物馆藏

① 郑州市文物考古研究所，登封市文物局．河南登封黑山沟宋代壁画墓[J]．文物，2001，(10)．

② 商彤流，袁盛慧．山西平定宋、金壁画墓简报[J]．文物，1996，(5)．

主母王氏则在衣外罩了一件更为宽敞的背子。

但也是在哲宗朝，这种原被贵族女性用作正式服装的背子，正逐渐失却威仪，进一步下移成为民间女性的衣物。山西高平开化寺大雄宝殿殿内保存有元祐七年（1092年）至绍圣三年（1096年）间绘制的壁画，下部绘有多组当时女供养人的群像，榜题均为"邑婆某氏"，应当都是较为富裕的民间女性。她们所穿的背子领口开敞，从肩部披挂而下，有的更采用近乎透明的纱罗质地裁制，透出了内穿的衫子。

在哲宗朝后期，随着背子愈加普及，甚至连底层乐伎都敢于大胆穿用。如河南登封黑山沟村北宋绍圣四年（1097年）李守贵墓①壁画中绘有两名乐伎，吹笙者穿浅黄色背子，拍板者穿粉色背子；山西平定姜家沟宋墓②壁画中的一班乐伎更为齐整，也均穿有红或白色背子。

女供养人群像
山西高平开化寺大雄宝殿北宋壁画

① 张耒《柯山集拾遗》卷九：古者尊卑共朝，贵贱聚享，不问而知其官，不察而知其别，今也贵贱错陈，上下共处，而冠服一概，虽略有所别，然不问不知其官，不察不知其别。

◀

穿背子的众乐伎
山西平定姜家沟宋墓壁画

当时大臣张耒在上书哲宗的《衣冠篇》一文中，不满地描述了这种衣冠失等的情形——以往人们不用问，便能凭借衣冠辨认尊卑贵贱；如今上下贵贱冠服一概，哪怕略有细节不同，依旧是难以辨认身份了。①

▲

穿背子的众乐伎
河南登封黑山沟村北宋绍圣四年（1097年）李守贵墓壁画

> 红藕香残玉簟秋。轻解罗裳，独上兰舟。
> 云中谁寄锦书来，雁字回时，月满西楼。
> 花自飘零水自流。一种相思，两处闲愁。
> 此情无计可消除，才下眉头，却上心头。
>
> ——李清照《一剪梅》

这首词是李清照与丈夫赵明诚新婚后的别曲之一。裳即是裙的雅称，"轻解罗裳，独上兰舟"一句，或解释为李清照解下因长度过长而不便的罗裳，或解释为轻挽起罗裳，自然都是为得登舟之便。不过，若是对照当时的裙装式样来看，是不必作如此曲折补笔的——裙装的基本功能，是系在外层将内衣遮盖。而北宋中期大约在宋神宗朝以来，女性就舍弃

① 江邻几《醴泉笔录》记司马光言：妇人不服宽袴与襜，制旋裙必前后开胯，以便乘驴。其风始于都下妓女，而士大夫家反慕之。曾不知耻辱如此。

了往昔大口开裆的宽袴加外罩襜裙的内衣搭配，在出行时选用更为轻便、如男子所穿式样的合裆直筒裤，外罩的裙也在前后增加开衩——之所以如此，据说是为了便于出行时两腿分开骑在驴上。这种裙式不再具备遮掩内衣的功能，成了一层形式化的装饰。北宋名臣司马光甚至就此大加抱怨，言称这样的服装风潮起始于汴梁城中的妓女，士大夫家的女眷纷纷仿效，可谓伤风败俗、不知羞耻。①虽文人对这一起始于市井的时尚颇为不屑，它却在仕宦之家的女眷中迅速流行开来。

对照前引白沙宋墓壁画《梳妆图》中女子妆束来看，当时裙装也有一种在世俗流行与道德规范之间的折中穿法：在裤装之外先围系一条较短且不加装饰褶的实用裙装，用于掩盖裤装不宜外露的裤裆部分；再在外部系以装饰性的流行裙式。后者仍是经典的褶裙式样，实物仍可举安康郡太君管氏墓出土的一例：裙腰下压极细密的褶裥，只是裙腰却大大缩短，仅足够系腰，正是时人所谓"窄窄罗裙短短襦"（文同《偶题》）。暗减的裙腰，可将身形衬得更显细瘦，于是当时又有"芳草裙腰一尺围"（贺铸《摊破木兰花》）、"一尺裙腰瘦不禁"（贺铸《思越人》）的夸张说法。穿着这种窄裙时，需将裙腰从身后向前围系，使裙片两端于身前相接，穿着时若静立不动，则垂下的裙片恰好合围身前；若是行步向前或身姿出现起伏变化，则裙片会向身后分开，自然留出了开衩。

再来看"轻解罗裳"一句——穿一身宋朝时装的李清照，"独上兰舟"时由静转动的一瞬，使得长裙在身前"轻解"分开，原是自然而然的事。

四、帔帛的礼制化

宋人笔记《钱氏私志》中记有一则极风雅的传说：中秋之夜，时任翰林学士的王珪正在值夜，被宋神宗召来禁中赐酒，神宗令左右宫嫔各取领巾、裙带、团扇、手帕等物件求诗。而王珪有求必应，挥笔不停，不仅尽出新意，更称其所长，美貌者便称赞其容色，美目者则称赞其眼波，令皇帝与妃嫔尽欢，妃嫔更纷纷摘下头上珠花，作为学士的润笔之费。[①]

在领巾上作诗题词，是北宋文人乐见的风流举止，当时又见有苏轼《题领巾绝句》、黄庭坚《如梦令·书赵伯充家上姬领巾》等。领巾既能供书写，自是有一定宽度的绢帛之属。若对照笔记文字来看，可进一步得知它是当时女装配件"帔"在唐宋时的别称。唐代女性流行在裙衫之外披挂一条长帛制成的帔帛，质地轻薄，披挂于颈肩，萦绕在臂间，披拂而下。唐人笔记《酉阳杂俎》所记杨贵妃领巾上遗留熏香经年不散的传说，仍为宋人熟知。宋初时《太平广记》录一则"崔生"故事，也是讲述书生娶天女为妻，天女掷下领巾变作五色虹桥，供爱人逃避术士追捕。关于领巾的想象虽然奇幻神异，但它仍是以衣装的现实样态为基础。

领巾的风尚在北宋依旧延续了很长一段时间。及至神宗朝，也不只宫中仍存领巾制式。如四川新津元丰四年（1081 年）王公夫妇墓中出土的一件女俑，即便是作戴冠穿背子的正式装扮，也仍不忘再在肩上披挂一条长长的领巾。在神宗元丰七年

① 宋·钱世昭《钱氏私志》：岐公在翰苑时，中秋有月……上悦甚，令左右宫嫔各取领巾、裙带、团扇、手帕求诗……来者应之，略不停缀，都不蹈袭前人，尽出一时新意。仍称其所长，如美目者，必及盼睐，人人得其欢心，悉以进量。上云："岂可虚辱？须与学士润笔。"遂各取头上珠花一朵，装公幞头。簪不尽者，置公服袖中，宫人旋取针线缝联袖口。

女俑
四川新津元丰四年（1081年）
王公夫妇墓出土

① 烟台市博物馆. 山东莱州南五里村宋代壁画墓发掘简报[J]. 文物, 2016, (2).

（1084年）的山东莱州南五里村宋墓[①]壁画中，无论是备宴的厨娘还是演乐的乐伎，也都是上着衫、下系裙、肩搭帔帛的形象。

宋人李元膺词作中尤见领巾之风致——"屏帐腰支出洞房，花枝窣地领巾长。裙边遮定鸳鸯小，只有金莲步步香"（《十忆·忆行》），长长的领巾披垂在地，随着佳人步履轻移而显现出静美的韵味；而在清明时节姊妹相约荡秋千时，为防衣物碍事，也要"先紧绣罗裙，轻衫束领巾"，再登上秋千，"琐绳金钏响，渐出花梢上。笑里问高低，盘云亸玉螭（chī）"（《菩萨蛮》）。

但随着大袖被升格为礼服，以往与其搭配的领巾也势必需要区分出一个更为礼制化的式样。它在北宋中后期以"霞帔"之名出现，区别于轻薄飘逸的领巾，采用更厚重的锦绣织物裁作条带，从后背披垂过肩，平展地垂在胸腹之前。为了使它不再扬起，底端往往还要再挂一个金玉质地的坠子来压住。

备宴图与散乐图壁画

山东莱州南五里村宋元丰七年（1084年）壁画墓出土

① 区别似乎在于后者会在"霞帔"等第之前加差使，如"书省红霞帔""管殿紫霞帔"等。见邓小南.掩映之间：宋代尚书内省管窥，朗润学史丛稿[M].北京：中华书局，2010.

霞帔作为女性身份等级的标志，因此在北宋中后期的宫廷中逐渐衍生出了"红霞帔""紫霞帔"这样的内宫女官名号。她们或是曾受皇帝宠幸，或是有特殊的职事差使①，区别于一般宫女，因此被赐以佩戴霞帔的特权。如山西太原晋祠圣母殿中的北宋塑像中，侍奉在圣母邑姜侧的诸位宫人，大多是肩披形态轻松随意的领巾；而大约塑造于北

▲
肩披领巾的众宫人像
山西晋祠圣母殿宋塑

① 南宋·程大昌《演繁露》：曾子固《王回母金华县君曾氏志》，夫人以夫恩封县君，以兄曾公亮恩赐冠帔也。是得封者未遽得冠帔。

② 北宋·高承《事物纪原》：今代帔有二等：霞帔非恩赐不得服，为妇人之命服；而直帔通用于民间也。唐制，士庶女子在室搭披帛，出适披帔子，以别出处之义。今仕族亦有循用者。

宋熙宁九年（1076年）的山西晋城玉皇庙玉帝殿造像中，既有小宫人是肩披领巾的形象，又特有一尊手捧印玺的御前掌事宫人，肩披形态更为正式的红霞帔。

接下来，霞帔又进一步为官僚阶层的女性命妇所使用，甚至一度必须由皇帝特别恩赐后才可以使用，并非所有命妇都有资格穿戴。如在当时文士曾巩为亲族中的金华县君曾氏题写的墓志中，提及曾氏是凭借丈夫的身份才得到县君封号，但随后因兄长曾公亮的缘故，得到朝廷恩赐冠帔。①

再后来，霞帔已经成为命妇的常礼服构件之一，民间女子却依旧没有资格穿戴。于是，原先作为时装的领巾也被她们逐渐升格为搭配礼服盛装的"直帔"②，而逐渐退出了日常衣装。

▲

肩披领巾与霞帔的宫人像

山西晋城玉皇庙玉帝殿宋塑

李师师·宣和装束

并刀如水，吴盐胜雪，纤指破新橙。

锦幄初温，兽香不断，相对坐调笙。

低声问，向谁行宿？

城上已三更。

马滑霜浓，不如休去，直是少人行。

——周邦彦《少年游》

李师师

北宋后期

韵致衣装
成语谶

疏眉秀目，看来依旧是，宣和妆束。

飞步盈盈姿媚巧，举世知非凡俗。

宋室宗姬，秦王幼女，曾嫁钦慈族。

干戈浩荡，事随天地翻覆。

一笑邂逅相逢，劝人满饮，旋旋吹横竹。

流落天涯俱是客，何必平生相熟。

旧日黄华，如今憔悴，付与杯中醁。

兴亡休问，为伊且尽船玉。

——宇文虚中《念奴娇》

这一首《念奴娇》词，为降金宋臣宇文虚中所作。靖康之难后，大量北宋宗室女子沦为金人俘虏。时移事易，一个原先的宋臣，在金国遇着已沦为乐妓的宋室宗姬，见她还是一身旧式"宣和妆束"，不由生出一番慨叹来。

所谓"宣和妆束"，狭义上是指徽宗宣和年间（1119—1126 年）流行的女子衣装打扮式样；广义上却不限于此，可以涵盖北宋末徽宗朝二十余年

① 南宋·洪巽《旸谷漫录》：京都中下之户，不重生男，每生女，则爱护如捧璧擎珠。甫长成，则随其姿质，教以艺业，名目不一。有所谓身边人、本事人、供过人、针线人、堂前人、杂剧人、拆洗人、琴童、棋童、厨娘，等级截乎不紊。就中厨娘最为下色，然非极富贵家不可用。

② 南宋·周辉《清波杂志》：盖时以妇人有标致者为"韵"。……宣和间，衣着曰"韵缬"，果实曰"韵梅"，词曲曰"韵令"。

间的服饰时尚。因"宣和"是徽宗最后一个年号，时代风格最为成熟，所以这一时期的妆束时尚才以"宣和"笼统称之。

北宋后期承平已久，"丰亨豫大"的盛世风光、都城富贵，总是少不得各式各样的新鲜流行事物来装点。随着以"重商"为核心的思潮逐渐兴起，时尚的接受者从贵胄、士族阶层进一步扩大到市民以及更广泛的社会大众。繁华的都市生活更是促成了民间大量职业女性的出现，她们不必依附于男性，凭借自身习得的技艺就能获得体面生活[①]。她们所喜爱的衣装以简明干练、线条利落为特色，其特点是日常化和大众化，又兼顾各种潮流细节，时时变易更新。

在这些衣装背后，是一种热烈狂欢式的快时尚，代表着广大市井民众的生活趣味。在当时汴京居民口中，习惯用一个"韵"字来概括形容，诸如时兴的词曲称"韵令"，时鲜的果品称"韵梅"，时尚的衣料称"韵缬"。对一个姿容标致、妆束新巧入时的佳人，人们自然也会夸一声"韵"[②]。流风进而影响到社会上层，可谓是达成了一种"民众的胜利"——如当时李清照写少女闺情，是"一面风情深有韵"（《浣溪沙》）；甚至当时太宰王黼（fǔ）奉敕为徽宗宠爱的安妃刘氏撰写《明节和文贵妃墓志》这样的正式文章，也写有"六宫称之曰'韵'"一句，文人并不将其视作粗鄙的市井俗语。

然而，在接踵而至的战乱之后，昔年佳人身上种种"韵"的衣装，却有了一个难听的名称——"服妖"。所谓"服妖"，不过是历来士大夫针对原本无辜的时装强加附会，将它们当作引发战争变乱的谶言、征兆，来为靖康之难、北宋败亡作出种种不足凭信的迷信解释。亡国之因本不在几件衣饰，之所以动辄（zhé）得咎，不过是求体面的士大夫们自欺欺人、不愿直面真正缘由，才怨及旁物的把戏；这是一种因"大事已不可问"才无可奈何、顾左右而言他的"事后反思"。但也恰因随后南宋文人以"服妖"之名追述北宋故都汴梁城中女子衣装的笔记文字颇为丰富，才让后人得以细致了解当时"宣和妆束"的真实模样。

① 南宋·袁褧《枫窗小牍》：汴京闺阁，妆抹凡数变。崇宁间，少尝记忆，作大鬓方额。

② 郑州市文物考古研究所. 郑州宋金壁画墓[M]. 北京：科学出版社，2005.

一、崇宁年间（1102—1106 年）

徽宗登基的前数年，女性妆束仍大体继承了宋哲宗时代的风格。

发式流行"大鬓方额"①，即将额发修得平齐方正，两鬓梳掠成宽大撑起的状态。这种发式见于河南登封箭沟宋墓壁画②之中，与之搭配的是头顶

"大鬓方额"的女性
河南登封箭沟宋墓壁画

① 南宋·徐大焯《烬余录》乙编：发髻大而扁，曰"盘福龙"，亦曰"便眠觉"。

② 单双．安徽南陵铁拐宋墓出土女乐木俑赏析[J]．收藏家，2021，(7)．

③ 郑州市文物考古研究院．河南登封唐庄宋代壁画墓发掘简报[J]．文物，2012，(9)．

▼

侍女木雕
安徽南陵安康郡太君管氏墓出土

宽扁的发髻，俗称"盘福龙"或"便眠觉"①，髻外还可罩上同样宽大的"团冠"。

对照安徽南陵安康郡太君管氏墓中出土的一班伎乐侍奉木雕女俑像②、时代稍后的河南登封唐庄宋墓壁画③，可见此时搭配的上衣衣式基本继承着前朝的小袖式样，袖根仍显得稍宽，在袖口收窄。但她们的发髻与冠式已愈加向上发展，下装样式也隐隐透露出新时尚——裙装愈加退化，或是简易围在身前，或是变作背后的拖尾，甚至有人径直解去了半掩的外罩裙装，直接露出了内衬的裤装全貌。

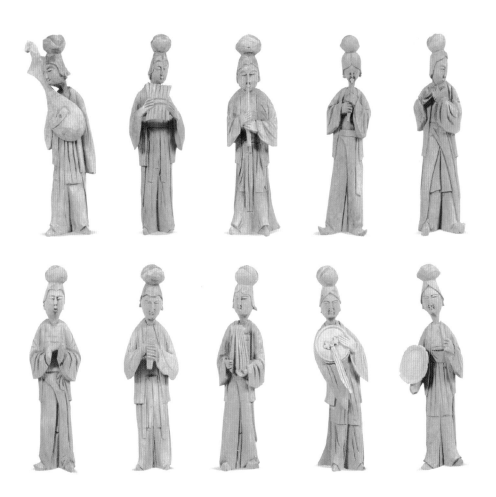

　　这种外露的裤装，实际上是穿在不能外露的亵衣"裈"上的双层套裤，即"袴"与"裆"——"袴"是在两条独立的裤管上接腰带，裆部不加缝合，仅用以掩腿，亦即今人所谓"开裆裤"；其形态如河南白沙宋墓 2 号墓壁画中衣架上所挂的一般。该墓时代稍晚于北宋元符二年（1099 年）赵大翁墓，应处徽宗朝初年。与开裆裤搭配，还需穿一件用以遮裆的合裆裤，宋人称其为"裆"，是在两个裤管间加缝一条长方形裆，将裤腰缝合在一起，即今人所谓"合裆裤"。里外两层裤装大约是北宋后期以来女装的固定搭配，宋人笼统称其为"裆袴"。

衣架上的"袴"

河南白沙宋墓 2 号墓壁画

宋徽宗朝崇宁年间女性妆束形象

发式、妆容与服饰均据时期壁
画绘制

服饰：上着窄袖短衫，内系抹胸，
下着裆裤。这是当时民间女性的
常见打扮

二、大观年间（1107—1110年）

玉燕双双扑鬓云，碧纱衫子郁金裙。

神仙宫里骖鸾女，来侍长生大帝君。

——王安中《进郑贵妃诗》

这是大观年间的一次宫中燕饮，依附徽宗宠臣蔡攸的文人王安中正在席上。当时徽宗宠妃郑氏露面，她身上的新样时装首饰极为引人注目，蔡攸即吩咐作诗奉承，王安中进上该诗，赞美郑妃衣饰时，又将其比作神女，借机奉承信奉道教的徽宗为长生帝君，徽宗大喜[1]。此后，随着郑贵妃正位中宫、成为徽宗的第二任皇后，此诗也流传出宫，传为吉兆。郑妃的新样时装，由诗笔寥寥文字勾勒描绘，终究难以看分明。但借助同时期的其他文字记载与文物形象，可以进一步猜想其样态。

在崇宁、大观之交，女性衣式出现的新趋势是全面向紧窄化发展。[2]这种时尚起自民间女性，她们为方便日常劳作，往往将衣衫裁得短且瘦窄，袖形也一改以往士族阶层女眷流行小袖衣的大袖根、小袖口式样，整体都贴着手臂收得极窄。

这种式样进而却为更高的阶层所欣赏仿效。如河南新密平陌北宋大观二年（1108年）墓[3]的一幅对镜梳妆图中，一个身着家常衣装的美人正坐于床帐下，床前又立一张摆放镜台与梳妆用具的"梳洗床"——这是高足坐具初始在民间普及的时代，但士大夫之家的女眷仍视垂足坐在高足椅上为不雅，习惯采用更传统的坐具"床"；于是士大夫家庭总

① 南宋·徐梦莘《三朝北盟会编》卷第五十四引《幼老春秋》，郑氏在政和元年（1111年）被立为皇后。又北宋·张邦基《墨庄漫录》引为政和七年（1117年）立春之时，王安中为后宫妃嫔所进的帖子词，字句略有不同，为"玉燕翩翩入鬓云，花风初掠缕金裙"。

② 南宋·徐大焯《烬余录》乙编：崇宁、大观间，衣服尚短窄。

③ 郑州市文物考古研究所，新密市博物馆. 河南新密市平陌宋代壁画墓[J]. 文物，1998，(12).

▲

《对镜梳妆图》壁画

河南新密平陌北宋大观二年（1108年）墓出土

① 南宋·陆游《老学庵笔记》：徐敦立言，往时士大夫家，妇女坐椅子、兀子，则人皆讥笑其无法度。梳洗床、火炉床家家有之，今犹有高镜台，盖施床则与人面适平也。

是常备叠放在床上供摆设用品的小床，梳洗床即是其中之一。①图中展示的是士族女性的生活态度，美人扬举起手臂戴冠，恰可现出衫袖瘦窄的形态。为了将身形进一步衬得纤长秀丽，发型妆面也已悄然改换新样——收小的发髻挽在头顶，发冠作瘦窄立起的"山口冠"，额发中分，鬓发也不再梳得隆起，而是沿面部轮廓盘挽出利落的弧线。面部是不作太多粉饰的淡妆，眉式也画得细窄。

甚至这时作为女性正装的背子，也不再具备之前"袖短于衫""大袖"的特征，窄窄长袖罩住手臂，不再露出内衫袖口，只是仍旧长身及足。如平陌宋墓另一幅《引路升仙图》壁画中，跟随在引路仙人后盛装打扮的女墓主身上所穿。又有山西晋祠圣母殿中的几尊侍女造像，不同于其余多位宽衫长裙、肩搭帔帛、作旧样妆束，这几尊大概是徽宗朝所补塑，改换了当时的时新妆束——无论是内搭的短衫子还是披垂在外的长背子，腰身部分都显得极纤长瘦窄，衣袖也是紧紧贴着手臂，不留任何宽松的余地。

▼
《引路升仙图》壁画
河南新密平陌北宋大观二年
（1108 年）墓出土

◀

宋徽宗朝大观年间女性妆束形象

发式、妆容与服饰均据时期诗
文记载、绘画、雕塑组合绘制

头梳特髻，身着碧纱衫子，系郁
金长裙

时尚虽然偏于庶民化，但并不妨碍它为宫廷贵胄所欣赏仿效。甚至当时后宫女性也暗中改换了窄衣——徽宗所宠爱的郑贵妃，自然应是作这般妆束。甚至"官家"徽宗自言"家"事，在他亲笔所写的《宫词》中，满怀欣赏地赞美起这种时装风潮：

时装宫人像
山西晋祠圣母殿宋塑

窄衣偏称小腰身，近岁妆梳百样新。
旧日宫娃多窃笑，想应曾占惜年春。

纤眉丹脸小腰肢，宜着时新峭窄衣。
头上宫花妆翡翠，宝蝉珍蝶势如飞。

新样梳妆巧画眉，窄衣纤体最相宜。
一时趋向多情逸，小阁幽窗静弈棋。

三、政和年间（1111—1118 年）

浅淡梳妆，爱学女真梳掠。艳容可画，那精神怎貌？鲛绡映玉，钿带双穿缨络。歌音清丽，舞腰柔弱。

宴罢瑶池，御风跨皓鹤。凤凰台上，有萧郎共约。一面笑开，向月斜褰朱箔。东园无限，好花羞落。

——袁绹《传言玉女》

政和年间，教坊判官袁绹为权臣蔡京撰写《传言玉女》一词，蔡京又将该词献与徽宗。徽宗见到第一句"浅淡梳妆，爱学女真梳掠"，颇觉不喜，提笔将"女真"二字改为"汉宫"。①这则徽宗改词的故事，正牵涉着当时女性衣饰的重大变化，即来自北方异域的"女真妆"大为流行。

于发式来看，宋女移用了北方民族的特色发型②，流行起"急把垂肩"③，即直接束辫发盘绕垂肩的式样④。这大概同样是基于民间劳动女性对便利的需求——辫发要比盘绾发髻更省时，维护打理起来也更省力。于服装而言，实际上款式的大要未变，时尚变易多体现在细节处。如女性间流行起一种来自契丹的特色服装"钓墩"，亦即所谓连袜裤，无腰无裆，只是两个连着袜的裤腿，以带子系挂于腰。这原是一种方便骑马的式样，成为宋朝女性喜爱的时尚单品后，大概风气太过泛滥热烈，甚至引来了朝廷的明令禁止⑤。

① 元·陶宗仪《说郛》引南宋·朱弁《续骫骳说》：政和中，袁绹为教坊判官，制撰文字。一日，为蔡京撰《传言玉女》词，有"浅淡梳妆，爱学女真梳掠"之语。上见之，索笔改"女真"二字为"汉宫"，而人莫解。盖当时已与女真盟于海上矣，而中外未知，帝恶其语，故篡易之。

② 金·宇文懋昭《大金国志》：金俗好衣白，辫发垂肩，与契丹异，垂金环，留颅后髪，系以色丝，富人用金珠饰。妇人辫发盘髻，亦无冠。

③ 南宋·袁褧《枫窗小牍》：政宣之际，又尚急把垂肩。

④ 宋末元初·城北遗民《烬余录》甲编：道君时朝野诗歌皆成诗谶。……束发垂肩，谓之"女真妆"。

⑤《宋史·舆服志》：（政和七年）是岁，又诏敢为契丹服若毡笠、钓墩之类者，以违御笔论。钓墩，今亦谓之袜裤，妇人之服也。

穿钓墩的杂剧女艺人丁都赛
中国国家博物馆藏

四、宣和年间（1119—1126 年）

牡丹横压搔头玉，眼尾秋江剪寒绿。

金翠冠梳抹且肩，正是宣和旧妆束。

腰肢一搦不胜衣，当时宜瘦不宜肥。

三千想见无颜色，偏有亲题御制诗。

蔡攸恢复燕山府，曾索君王不曾许。

萧条万里去中原，偶见花枝泪如雨。

却将换米向三韩，遂令流落在人间。

道君一顾曾倾国，今人休作等闲看。

——郝经《题宣和内人图》

　　金元时期大儒郝经曾见着一张来自北宋宫廷画院
的《宣和内人图》，画上美人腰肢纤细，身着宣和年
间的时装，不由使他感慨起王朝盛衰及美人因战乱流
落的命运。该画虽未见流传至今，但对照若干记载仍
可发现，清宫旧藏一幅题为南宋末画家钱选所绘的《招
凉仕女图》，实际上作者可能是北宋宫廷画院的无名
画师，表现的也恰好是一对"宣和内人"：草丛山石
之间，几茎木香开着浅浅黄花，两个女郎相携并肩立
于花石之侧：一个戴半透明山口高冠，绿抹胸外罩一
件短襟窄袖的白衫子，领内垂下红绿二色衿带直至脚
边，她正抬手移扇望向画外人；另一个头上同样冠山
高耸，外罩一方盖头将冠整个儿罩住，系红头须、簪
凤钗，上身是红抹胸、墨绿衫子，垂下白衿带，下着
裆裤，透过外层长裤的侧边开衩，还可以看到内层的
裤管，开衩处系有红线缠绕的花结，她却不看人，只
拿一柄草书"安"字的团扇在身前。

《招凉仕女图》纨扇页

台北故宫博物院藏

① 南宋·孟元老《东京梦华录》：其媒人有数等，上等戴盖头，着紫背子，说官亲宫院恩泽；中等戴冠子、黄包髻，背子，或只系裙，手把青凉伞儿，皆两人同行。

② 南宋·袁褧《枫窗小牍》：宣和以后，多梳云尖巧额，鬓撑金凤。小家至为剪纸衬发。膏沐芳香，花靴弓履，穷极金翠。一袜一领费至千钱。

③ 南宋·徐大焯《烬余录》乙编：宣靖之际，内及闺阁，外及乡僻，上衣逼窄称其体，襞开四缝而扣之，曰"密四门"；小衣逼管开缝而扣之，曰"便裆"，亦曰"任人便"。

④ 楼钥《攻媿集》卷八五《亡姊安康郡太夫人行状》：后得《梦华录》，览之日，是吾见闻之旧。且谓今之茶褐墨绿等服，皆出塞外，自开燕山，始有至东都者，深叹习俗之变也。

　　画上两个美人身上均是有文字记录可对照的宣和当世流行妆束。其中戴盖头的美人似乎身份较只戴冠的更尊贵些，如《东京梦华录》中记北宋汴京城里媒人的衣装，上等媒人戴盖头，中等媒人戴冠子或包髻①；而她们所梳发式，名为"云尖巧额"，是将额发分缕分层，依次盘绕在额边作云状起伏；在鬓边撑起金凤，也是贵家的时兴做法。至于当时小户人家的女子，也能用剪纸来衬起头发。②

　　至于衣衫，当时无论是闺阁女子，还是乡野妇人，都偏好更趋紧逼狭窄的式样。上衣下摆左右前后四侧虽有开衩，却又加装纽带扣合，如四面城门阖上一般，因此得名"密四门"。甚至后来的南宋人因此认为，这是预示金军围困汴梁、京城四门紧闭的不祥征兆。而下衣的外层裤装"裆"，此时也在已变得紧窄的裤管两侧增加了开衩，以便穿脱，又进一步增加了两层裤装叠穿时的层次感。开衩上还加丝绦、缀带或纽扣系结，进一步绕出繁复的装饰花结，这种式样名为"便裆"或"任人便"。③

　　甚至美人身上的墨绿衣色，也可谓是"宣和经典色"。宋人对此有着深刻印象——南宋文学家楼钥之母、封号同样为安康郡太夫人的汪氏（名慧通，字正柔），生于北宋大观四年，在汴京城中度过了她的少年时代，得以见到宣和、靖康年间的节俗好尚。据她所言，茶褐、墨绿等服饰染色，都出自北方塞外，在宣和年间因宋联金灭辽，才逐步在都城中流行起来。④流行之风吹到南宋，在词人笔下，仍有"墨绿衫儿窄窄裁，翠荷斜颭领云堆"的歌姬（黄机《浣溪沙》）。

　　当然，如此时装大约依旧是先流行于市井，最终才传开来。如河南洛阳偃师酒流沟宋墓出土的一组砖雕，分别刻四位厨下侍女，线条利落的衣装搭配山口高冠、云尖巧额、便裆花结等时尚细节，竟和宫廷画院绘制的美人一致。宋人笔记中还可见到当时汴京厨娘的具体情形。据洪巽《旸谷漫录》中所记故事，当时一位地方官员久慕京城做派，请一位来自京城王府的厨娘操办宴席，厨娘"更围袄围裙，银索襻膊"，做几样家常菜，用度却极奢侈，向主人家索求的赏钱也极多——这样的职业女性，自然比深锁宫中的内人们更有机会去感知时尚，也有本钱去讲究衣饰穿戴。

穿时装的厨娘

河南洛阳偃师酒流沟宋墓砖刻拓片

穿时装的女艺人

北宋宣和二年（1120 年）石函线刻

宋徽宗朝宣和年间女性妆束形象

发式、妆容与服饰均据时期诗文
记载、绘画组合绘制

服饰：头戴山口冠，梳云尖巧额，
身着"密四门"墨绿衫子，下着
"任人便"款式裆裤

五、宣靖末年（1126—1127 年）

笃耨清香步障遮，并桃冠子玉簪斜。

一时风物堪魂断，机女犹挑韵字纱。

——刘子翚《汴京纪事》

宣和妆束发展到宣和末年，又是一变。

女郎头上所戴山口高冠已成为过去式，改为流行整体卷作桃形的圆冠。宫廷女性又移用道家修行者喜爱佩戴的道冠式样，作出形如双桃并列、面上涂漆的"并桃冠"[①]。织物也流行起桃的纹样，被称作"遍地桃"或"急地绫"。[②]因"桃"谐音"逃"，后来战乱时百姓们遍地逃窜，被认为应在此处。

诸多新装款式也逐渐在汴京城中流行开来。当时无论士庶，均喜爱在腰上系以鹅黄帛巾制作的腹围，称为"腰上黄"，它后来被认为谐音"邀上皇"，应在后来徽宗被金军以"邀请"名义俘虏至青城宫金营之事。一种名为"不制衿"的上衣样式也自宫廷中传出。其特征是束身短小、身前两条对襟直垂，不另加衣衿、纽带束系，穿着时任由两襟松敞在身前，因此得名"不制衿"，后来被人谐音附会为"不制金"，应验在金兵攻破汴梁灭亡北宋之时。[③]

不过，对照实际服装款式来看，"不制衿"或许是一种早已出现的时尚，即便从长干寺大中祥符四年（1011 年）所出的服装实物算起，至徽宗之宣和，也已逾一个世纪；或可将宋人记载中这种北宋末新时尚，视作人们对较高等的正装"背子"的日常化移用——原本背子就是披罩在外，对襟在身

① 南宋·刘一止《苕溪集》"双桃验服妖"诗自注：宣和宫女头作冠，双桃相并，谓之"并桃冠"，人以桃音逃，为今日之谶。

② 两宋之交·赵令畤《侯鲭录》：宣和五六年间，上方织绫，谓之遍地桃，又急地绫。漆冠子作二桃样，谓之并桃。天下效之，香谓之佩香。至金人犯阙，无贵贱皆逃避，多为北贼房去，亦此谶也。
南宋·陆游《老学庵笔记》卷九：政和、宣和间，妖言至多。织文及缬帛有遍地桃，冠有并桃……议者谓：桃者，逃也。

③ 南宋·岳珂《桯史》卷五《宣和服妖》：宣和之季，京师士庶竞以鹅黄为腹围，谓之腰上黄；妇人便服不施衿纽，束身短制，谓之不制衿。始自宫掖，未几而通国皆服之。明年，徽宗内禅，称上皇，竟有青城之邀，而金房乱华，卒于不能制也，斯亦服妖之比欤！

① 如《大宋宣和遗事》：是时底王孙、公子、才子、佳人、男子汉，都是子顶背带头巾，窣地长背子，宽口裤，侧面丝鞋，吴绫袜，销金长肚，妆着神仙。

② 南宋·陆游《老学庵笔记》卷二：靖康初，京师织帛及妇人首饰衣服，皆备四时。如节物则春幡、灯球、竞渡、艾虎、云月之类，花则桃、杏、荷花、菊花、梅花皆并为一景，谓之一年景。

前松敞开来，装饰意义大过实际意义。它在哲宗朝之际已开始下移普及，到了徽宗宣和年间，已是人人都把背子当日常服装来穿。①背子"不制衿"的形式特征，这时也逐渐被使用在了旁的衣物上。

随着金军南下，内忧外患交加，徽宗退位，其子钦宗即位，改元靖康。当时织物、首饰、服饰流行起装饰元素繁复的"一年景"纹样，即把一年中几个重大节日的元素和四季花卉汇集到一处，作成一景。②

随着金人攻陷汴梁，宋钦宗的靖康纪元果然只一年而止，于是"一年景"也被视作了不祥的服妖。发展得轰轰烈烈的"宣和妆束"霎时为一盆冷水浇灭，若干衣装名物从此成为宋人不愿正视、只肯透过的牺牲品。

一春长费买花钱。

日日醉花边。

玉骢惯识西湖路，骄嘶过、沽酒垆前。

红杏香中箫鼓，绿杨影里秋千。

暖风十里丽人天。

花压髻云偏。

画船载取春归去，餘情寄、湖水湖烟。

明日重扶残醉，来寻陌上花钿。

——俞国宝《风入松》

白素贞

南宋前期

故人南北
一般春

山外青山楼外楼，

西湖歌舞几时休。

暖风熏得游人醉，

直把杭州作汴州。

———林升《题临安邸》

靖康之难后，宋室南渡，惨淡经营，宋高宗终于得以用屈辱和议、俯首称臣与大额岁币财帛换来一隅偏居。虽然付出的代价实在惨痛，但繁荣富庶的江南地区仍能够维系君臣苟安、湖山歌舞。

家国之变同样累及诸女子——她们的苦难不只来自作为入侵者的金军，更来自那些仓皇从铁蹄下逃出、好不容易才得以苟安的宋朝须眉男儿。曾经那一班"业儒"的才说出"饿死事小、失节事大"的话[1]，却在靖康后随着儒家理学的正统化，逐渐成为一种要求女性普遍遵守的规则；曾经仅限于宫廷上层部分被"玩物化"的帝姬宫人的缠足陋习，也在南宋被普及到庶民阶层以下。缠了足的、头重脚轻的女

[1] 鲁迅《我之节烈观》。

① 《宋史·舆服志》：中兴，掇拾散逸，参酌时宜，务从省约。凡服用锦绣，皆易以缬、以罗。

② 《朱子语类》卷九一《杂仪》。

③ 南宋·李心传《建炎以来朝野杂记》甲集卷九。

性，再没有往昔骏马上、舞席间的风姿，即便改换轻罗的衣衫，也仍旧衬不起她们被迫沉滞的生命。

女性身受精神与肢体的两重痛苦，无疑会导致她们在妆束时尚上的创造力被严重削弱。在南宋的很长一段时间里，女服的轮廓式样都相对固化，变易不多。即便是宫廷女性、士族女性，衣饰风格也和庶民接近，只是可能使用的材料更贵重，纹饰更精美。

但与此同时，南宋人的处事心态与生活境遇都已经大异于北宋人，服饰观念不得不有所改变。由于南北战和未定，有着"中兴""光复"的背景在，一切制度，包括服饰，都一度被要求便宜行事、从权从俭①；同时，因城市商业迅猛发展，不同的社会阶层都能参与金钱消费，服饰背后的身份等级秩序有所消解，呈现出"衣服无章，上下混淆"②状态——贵族官僚、士大夫阶层的女性，大可以用俭素的理由尝试民间的简便衣装；市井倡优出身的女性，又时常敢于僭越，享受原属禁制的衣物用度。时尚依然在上下流动中展现出活力。

一、高宗朝（1127—1162 年）

南宋政权草创的十余年间（1127—1141 年），国家多难，南北战火连绵，动荡的战局使宋人忙于抗敌御侮，无暇顾及衣饰，一切以简便为尚；朝廷也下诏严行禁止民间服饰仪物僭越奢侈。连当时士大夫也感喟道："盖自渡江以来，人情日趋简便，不可复故矣。"③

在两次绍兴和议①、定都临安之后，南宋逐步形成了偏安局面。次年，高宗自认"天下幸已无事"②，种种礼乐复置，"皆如承平时"；而国家的第一要务，便是恢复农桑。当时地方官员楼璹（shú）向高宗进呈详细描绘农夫、蚕妇全年劳作历程的《耕》《织》二图，高宗对此大为赞赏，又命画工广作摹本。其中一卷《织》图摹本，更是由吴皇后亲笔注解③。画面上辛勤劳作的蚕妇织女，均是楼璹据乡野写实所绘，反映着南宋绍兴初年民间俭约朴素的着装风格：在基础的抹胸与裆裤之上，衫子作窄袖短身式样，两襟或是松敞在身前，或是叠作交领；衣外还可再系上长裙。她们的裙装并非以往层叠密集褶皱的式样，而多采用更为俭省的平片裙式略压几道褶皱。

而同时期宫廷女性的妆束，竟也同乡野农妇差异不大。高宗在其晚年成为太上皇之后，曾授意画院创作一卷政治宣传画《中兴瑞应图》。它以高宗朝名臣曹勋于乾道七年（1171 年）十月至淳熙元年（1174 年）间所作的赞文为蓝本④，由画院名家萧照绘制。画卷绘高宗立国之际的种种神异事迹，人物衣装却是稍早的绍兴年间的写实。画上高宗之母韦氏与众宫妃侍儿，均是上着紧窄衫子，衫下露出敞

① 绍兴九年（1139 年）南宋与金第一次绍兴和议，绍兴十年（1140 年）高宗定都临安，绍兴十一年（1141 年）宋金第二次和议定约。

② 南宋·李心传《建炎以来系年要录》卷一四七。

③ 吴皇后于绍兴十三年（1143 年）被册立为皇后，这卷吴皇后注《织》图应是楼璹所绘母本进呈高宗后，另行制作的摹本之一，时代在 1143 年后。

④ 虞云国．中兴圣主与《中兴瑞应图赞》，南渡君臣 [M]．上海：上海人民出版社，2019.

▼
南宋《蚕织图》
黑龙江省博物馆藏

南宋·萧照《中兴瑞应图》
上海龙美术馆藏

① 《朱子语类》卷九一《杂仪》：
或曰，《苍梧杂志》载"背子"，
近年方有，旧时无之。只汗衫袄子
上便著公服。女人无背，只是大
衣。命妇只有横帔、直帔之异尔。
背子乃婢妾之服，以其在背后，故
谓之"背子"。

② 顾苏宁. 南京高淳花山宋墓出
土丝绸服饰保护与研究，江苏省
文物科研课题成果汇编. 2004—
2006[M]. 南京：南京师范大学出版
社，2010.

口裤装或褶裙。衣装风格仍比较俭素，只能从各人站立的位置、头上的冠子或发髻来区分地位尊卑。

曾经在北宋作为女性日常正装的衣式"背子"，在绍兴年间曾一度被废止，以至于逐渐退出宋人的记忆。数十年后，理学家朱熹追溯前代服饰，甚至认为以往并没有过背子这种衣式，区别于日常上衣、女子用作常礼服的只有"大衣"①。

南京高淳花山宋墓出土有一位南宋女性保存完好的服饰实物②，恰好符合这段时间的特征。除却一件作礼服的广袖大衣外，其余上衣均是较为短身的款式，应即当时文人所称美的时装"短襟衫子"（张孝祥《鹧鸪（zhè gū）天》），并无一件是以往北宋时代宽松长大、垂及脚面的背子；与之搭配的下装，也均是线条利落的裆裤或褶裙。整体服装的搭配风格，区别于繁华热闹的北宋汴京时尚，呈现出南宋式清朗简洁的样态。仍可引张孝祥一首《临江仙》来为绍兴式美人的时样妆束作注：

> 鬓画楼前初立马，隔帘笑语相亲。
> 铅华洗尽见天真。
> 衫儿轻罩雾，髻子直梳云。
> 翠叶银丝簪末利，樱桃澹注香唇。
> 见人不语解留人。
> 数杯愁里酒，两眼醉时春。

　　即便整体轮廓变得简约，富有财力的都会住民依旧会采用新奇的衣色，或是在衣上做出各种精致装饰。绍兴初年，北宋宣和妆束以翠羽、销金作为女性衣物装饰的奢侈作风就一度复现，引得朝廷大加挞伐。①追逐时尚的女性除了采用当时常见的"黝紫"（黑紫色）制衣之外，更是大胆采用被认作皇帝御用的"赤紫"（红紫色）来裁制衫袄②。

　　此外，在绍兴年间，女性服饰上的流行纹饰是"小景山水"。③所谓"小景山水"，不同于表现名山大川的全景式山水，更多表现局部坡塘汀渚的细细幽情。它源于北宋后期的宗室画家，这些贵族出身的作画者因身受皇室宫禁之制，无故不得远游，只能流连于汴京城周遭小范围内的园林山水。如北宋宗室画家赵令穰每有山水新作，苏轼便要戏谑他："此必朝陵一番回矣。"④及至南宋，高宗赵构、宗妇曹氏等人，仍擅长画小景山水。但此时简单的山水小景，承载的却是人们对早已沦陷的中原故都的感怀、对"美好年代"的追忆。

① 《宋史·舆服志》：绍兴五年（1135年），高宗遂对辅臣曰："金翠为妇人服饰，不惟靡货害物，而侈靡之习，实关风化。已戒中外，及下令不许入宫门，今无一人犯者。尚恐士民之家未能尽革，宜申严禁，仍定销金及采捕金翠罪赏格。"

② 南宋·王栐《燕翼诒谋录》卷五：中兴以后，驻跸南方，贵贱皆衣黝紫，反以赤紫为御爱紫，亦无敢以为衫袍者，独妇人以为衫襦尔。

③ 南宋·邓椿《画继》：士遵，光尧皇帝（高宗赵构）皇叔也，善山水。绍兴间一时妇女服饰，及琵琶筝面，所作多以小景山水，实唱于士遵。然其笔超俗，特一时仿效宫中之化，非专为此等作也。

④ 南宋·邓椿《画继》。

南宋前期女性妆束形象

发式与妆容：据同时期壁画形
象绘制

服饰：南京高淳花山宋墓出土
了完整的服饰实物。这里在文
物基础上参照同时期绘画色彩
加以设计绘制

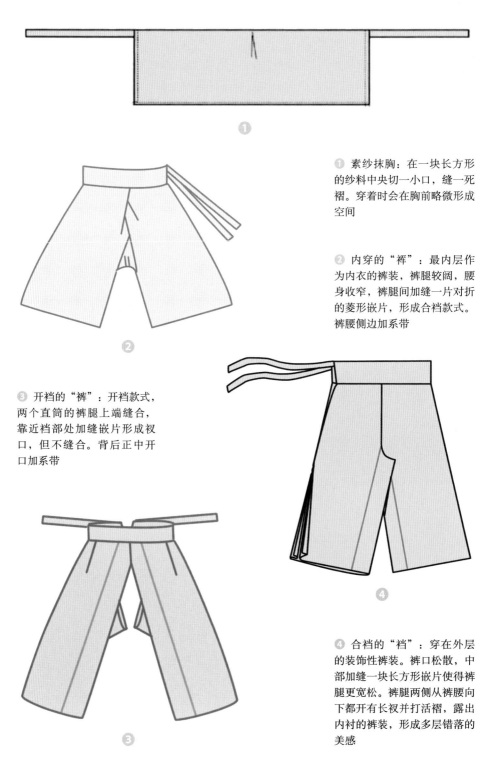

① 素纱抹胸：在一块长方形的纱料中央切一小口，缝一死褶。穿着时会在胸前略微形成空间

② 内穿的"裤"：最内层作为内衣的裤装，裤腿较阔，腰身收窄，裤腿间加缝一片对折的菱形嵌片，形成合档款式。裤腰侧边加系带

③ 开档的"裤"：开档款式，两个直筒的裤腿上端缝合，靠近档部处加缝嵌片形成衩口，但不缝合。背后正中开口加系带

④ 合档的"档"：穿在外层的装饰性裤装。裤口松散，中部加缝一块长方形嵌片使得裤腿更宽松。裤腿两侧从裤腰向下都开有长衩并打活褶，露出内衬的裤装，形成多层错落的美感

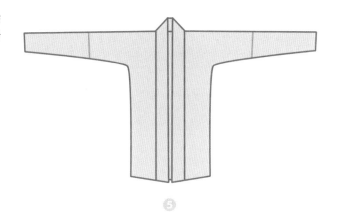

❺

当时甚至有人以女子的抹胸作为绘卷，将小景山水绘在其上，见陈克《谢曹中甫惠著色山水抹胸》诗：

曹郎富天巧，发思绮纨间。规模宝月团，浅淡分眉山。

丹青缀锦树，金碧罗烟鬟。炉峰香自涌，楚云杳难攀。

政宜林下风，妙想非人寰。飘萧河官步，罗抹陵九关。

我家老孟光，刻画非妖娴。绣凤褐颠倒，锦鲸弃榛菅。

忍将漫汗泽，败此脩连娟。缄藏寄书篆，晓梦生斓斑。

曹中甫绘制一件山水抹胸，作为礼物送给陈克的妻子，陈克写诗致谢，并表示不忍将它作为妻子的衣物，而是题写文字缄藏起来。以女子的贴身衣物抹胸相赠，对方还感激收下，或许是今人难以想见的情形；但在用以贴心珍存的故园山水面前，礼教规制已不重要了，山水抹胸承载的是文人对北宋士族豁达风气的追忆。

① 南宋·周密《武林旧事》：乾道、淳熙间，三朝授受，两宫奉亲，古昔所无。一时声名文物之盛，号"小元祐"。

②《宋会要辑稿·刑法二》。

二、孝宗朝（1163—1189 年）

山河破碎、中兴未果，但南渡时的慷慨怨愤之声已因主战派失势而隐去，靖康丧乱逐渐变成宋人不愿回首的旧事。随着所谓"小元祐"太平盛世的到来①，人们已习惯了江南的山温水软，享乐之风迫不及待地从临安城倾泻开来，比之旧时汴梁犹有过之。

在宋孝宗即位不久的隆兴元年（1163 年），就有臣僚进言道："近来风俗侈靡，日甚一日。民间泥金饰绣，竞为奇巧，衣服器具皆雕镂妆缀，极其华美。"②具体到南宋女性妆束，典型式样也是在孝宗时期大体定型——外罩的衫子裁得纤纤长长，还要再在对襟上加缝一条条领抹、掐牙，以一道道并列的垂线罩在身上，削出身材的细瘦。装饰花样的领抹在市面上往往是单独出售的，或画或绣，或印或染，装饰时新花样，宋人将其称作"生色领"。

如在清宫旧藏宋人《纨扇画册》中的一帧《翠袖天寒图》上，一个头戴并桃漆冠，身穿衫子、裆裤的时装美人，手把一枝梅花，慢步徐行。细看她的领缘、袖缘，便细细掐有一线黑牙边；所穿裆裤，侧边也散着带褶的开衩，只在中间加一短祥勾连，隐隐露出内穿裤装的一线红痕；种种装饰，都是为进一步突显身形的修长。若说唐人、北宋人爱牡丹之雍容，南宋人此刻的好尚恰是梅的清雅。

▲
南宋·佚名《翠袖天寒图》局部
台北故宫博物院藏

同类妆束形象常见于当时词作。如张孝忠《鹧鸪天》词：

豆蔻梢头春意浓。薄罗衫子柳腰风。
人间乍识瑶池似，天上浑疑月殿空。
眉黛小，鬓云松。背人欲整又还慵。
多应没个藏娇处，满镜桃花带雨红。

又赵长卿亦有《鹧鸪天》一首，前有作者自述"初夏试生衣，而婉卿持素扇索词，因作此书于扇上"，名唤"婉卿"的美人身穿薄纱裁就的夏衣，对襟领边上以花儿新样领抹装饰，还要再掐一线窄长的红牙边：

牙领番腾一线红，花儿新样喜相逢。
薄纱衫子轻笼玉，削玉身材瘦怯风。

人易老，恨难穷，翠屏罗幌两心同。
既无闲事萦怀抱，莫把双蛾皱碧峰。

    大约也是在高宗朝、孝宗朝之交，原本废弛的女性礼仪服制再度被朝廷加以定立完善，在大袖长裙的常礼服下，背子这一衣式得以回归[①]。在一张乾道年间（1165—1173年）进御中宫成恭皇后（宋孝宗第二任皇后夏氏）的常服衣目清单中，前有"真红罗大袖（真红罗生色领子）、真红罗长裙、真红罗霞帔（药玉坠子）"这些后妃常礼服，后有"黄纱衫子（明黄生色领子）、粉红纱衫子（粉红生色领子）、熟白纱裆裤、白绢衬衣、明黄纱裙子、粉红纱抹胸、真红罗裹肚、粉红纱短衫子"这些士庶女性都熟悉的日常衣式，中间又多出了一项"真红罗背子（真红色领子）"。[②]

    对照文物与记载来看，当时的背子同衫子一样作紧身小袖式样，区别在于背子长度垂及足，衣袖、领缘与下摆四面也可以镶缘边装饰。理学家朱熹将背子视作一种新兴衣式，认为其起源是婢妾侍奉主母时所穿衣装[③]。对照后来朱熹所定立、又由孝宗尊奉颁行的冠婚、祭祀礼仪服装来分析，这并非是说背子来源卑贱，而是指在盛大场合、当主母身穿大袖礼服"大衣"时，婢妾也需要穿较次一等的正式服装"背子"来应景。[④]而在四时祭礼上，当家主妇也会选择背子来穿着。[⑤]后来，即便是身份贵为皇后的女性，拜谒家庙时仍是穿"团冠背儿"。[⑥]

    作为一种稍次于大衣的女性正装，背子在日常场合中也同样被"主母"们广泛穿用以彰显身份。对比传世的几卷《中兴瑞应图》，"背子"这一衣式的变

① 《宋史·舆服志》：乾道七年（1071年）……常服，后妃大袖（生色领），长裙，霞帔（玉坠子），背子（生色领），皆用绛色，盖与臣下无异。

② 元·陶宗仪《说郛》卷四引《建炎以来朝野杂记》佚文。按夏皇后去世于乾道三年（1167年），可进一步限定本清单的年代当在1165年和1167年之间。

③ 《朱子语类》卷九一《杂仪》：因言服制之变：前辈无着背子者，虽妇人亦之。……背子起殊未久。或问：妇人不着背子，则何服？曰：大衣。问：大衣，非命妇亦可服否？曰：可。偶因举胡德辉《杂志》云：背子本婢妾之服。以其行直主母之背，故名"背子"。后来习俗相承，遂为男女辨贵贱之服。曰：然。

④ 《宋史·舆服志》：淳熙（1174—1189年）中，朱熹又定祭祀、冠婚之服，特颁行之。凡士大夫家祭祀、冠婚，则具盛服。……妇人则假髻、大衣、长裙。女子在室者冠子、背子。众妾则假髻、背子。

⑤ 《朱子家礼》：四时祭……主人帅众丈夫深衣……主妇帅众妇女背子……。

⑥ 南宋·周密《武林旧事》"皇后归谒家庙"条以咸淳年间（1265—1274年）全皇后举例：次本阁官奏请皇后服团冠背儿，乘小车入诣家庙。

① 肖卫东等. 泸县宋代墓葬石刻艺术[M]. 成都：四川民族出版社，2016.

化反映得尤为明显——在早先萧照的笔下，高宗之母韦氏还是身穿同身后妾侍一般无别的衫子与裆裤，只是头上所戴的冠子区别于旁人的假髻；但在后来南宋宫廷画师再摹的版本里，韦氏身上已悄然改换成与妾婢所穿衫子不同、更为正式的红背子。

这一服饰分等的情形，同样反映在四川泸县宋墓群出土的多方石刻上①。居中的主母戴冠穿背子，下着裆裤与褶裙；侍奉的婢妾则头上梳髻，穿更为简易的衫子与裆裤。

南宋·萧照《中兴瑞应图》
上海龙美术馆藏

南宋·佚名《中兴瑞应图》
天津市博物馆藏

四川泸县宋墓石刻／泸县博物馆藏

◀

宋孝宗朝女性妆束形象

发式、妆容与服饰均据时期宋人笔记记载、同时期绘画组合绘制

服饰：头戴团冠，鬓插梳，内穿抹胸长裙，外有一件窄袖长背子笼罩全身

① 《宋史·舆服志》：（孝宗）因问风俗，龚茂良奏："由贵近之家，仿效宫禁，以致流传民间。鬻簪珥者，必言内样。彼若知上崇尚淳朴，必观感而化矣。"

② 南宋·梁克家《淳熙三山志》：妇人非命妇，不敢用霞帔。非大姓，不敢戴冠、用背子。自三十年以前，风俗如此，不敢少变。三十年来，渐失等威，近岁尤甚。农夫、细民至用道服、背子、紫衫者；其妇女至用背子霞帔；称呼亦反是。非旧俗也。

淳熙二年(1175年)，宋孝宗向大臣问起民间风俗，龚茂良奏称道，当时贵近之家，用度都效仿宫禁之中，又进而流行到了民间，连卖首饰的人，也言必称"内样"。①大约也是在这段时间里，一度限定在南宋宫廷与士族阶层女性的正式衣物"背子"，再度如北宋后期一般普及到了庶民阶层——这或许可以算作南宋人对北宋后期时尚的一次无意识的"中兴复古"。

在淳熙九年（1182 年）编撰成书的福州地方志《淳熙三山志》中，对照比较了闽地三十年间的衣装风俗变迁——在高宗朝末、孝宗朝初，女性服饰还有着严格的等级规制，命妇才能使用霞帔，名门大姓之家的妇人才敢戴冠穿背子。但近三十年以来，上下等级分别已逐渐模糊，淳熙年间的民间妇人也大多敢于穿用霞帔、背子。②

这种风气变迁自是与南宋中心的江南地区同调。如日本京都大德寺藏、由南宋宁波地方画师林庭珪和周季常绘制于淳熙年间（1174—1189年）的《五百罗汉图》，也绘有多位身穿背子的民间女供养人，身份当属于当时宁波的文士或富民阶层

南宋周季常、林庭珪《五百罗汉图》

日本京都大德寺藏

眷属。^①大概这时背子尚无细致的礼仪规制，在维持窄袖、对襟、长身的整体风格外，仍能够采用各种不同的装饰细节——或是仅领加缘边，或是下摆开衩也加缘边；既可在腋下侧边开衩，也可不作开衩，一体缝合，有的背子下摆处还参照男性士人深衣的样式，加装一道侧面带有衣褶的横襕。

三、光宁二朝（1190—1224 年）

宋宁宗朝时，史家李心传编撰《朝野杂记》，曾见到那张孝宗时代夏皇后常服衣目清单，由衷感叹道：原来皇后的服装竟和士大夫家眷的相差无几，甚至现在连倡优所穿都和昔日皇后一般了。^②

这般情形实际在南宋光宗绍熙三年（1192年）彭呆夫妇墓中已能看到：墓中出土的砖雕伎乐像，均外罩一件长身垂地的背子，面上还隐隐得见红色彩绘的痕迹。洪迈《夷坚志》卷七"邓兴诗"故事记称，"侍姬十数辈，皆顶特髻，衣宽红袍，如州郡官妓，分立左右，或歌舞"，侍姬与州郡官妓所穿的"红宽袍"，或即指这种拟于皇后背子式样的衣式。又卷十"复州菜圃"故事，写一处战后废墟入夜后的古怪，"日衔山后，小童见女子，顶冠著红背子，笑入圃，以为官娼也，但讶其黄昏不脱上服"，进一步说明红背子为正式场合所用的上服，黄昏归去自当脱下。^③而墓中同出的侍女陶俑，领首的戴冠穿背子，其余则仍盘发髻穿衫子。据此可知，即便流行日渐下移，背子仍具一定的盛装与等级意义。

① 现已判明四十八幅图中有铭文，主要由林庭珪和周季常两位画师完成。其中，周季常从淳熙五年（1178年）至十五年（1188年）连续绘制十年，共有三十九处铭文；林庭珪有九处，从淳熙五年（1178年）至七年（1179年），时间较短；也有两人合作的铭文。

②《建炎以来朝野杂记》先后于宁宗嘉泰二年（1202年）、嘉定九年（1216年）写成甲乙两集。本条为佚文，见元·陶宗仪《说郛》卷四引：中宫常服，初疑与士大夫之家异，后见乾道邸报临安府浙漕司所进成恭后御衣衣目，乃知与家人等耳。其目……尝记贾生言：倡优被后服，不知至今犹然。

③《夷坚志》"复州菜圃"纪年在绍兴四年（1134年），此处"顶冠著红背子"当还是徽宗朝的旧样。

伎乐像砖雕与三彩女俑

陕西洋县南宋绍熙三年（1192 年）彭杲夫妇墓出土

依照绍熙三年（1192 年）临安府官员袁说友上奏的说法[①]，官民士庶都纷纷效仿外国时尚来穿戴，曾经在民间只有部分妇人敢私下穿用的御用赤紫色"御爱紫"，此刻已广泛流行，称作"顺圣紫"。最终无论朝野上下、官民贵贱，衣物穿戴都变得没什么差异。奢靡世风日盛一日，朝廷几度禁止的销金铺翠工艺也再度出现在女衣上。[②]

时人杨炎正有《柳梢青》词一阕，描述的正是一位身着紫衫金领奢侈时装的歌伎：

> 生紫衫儿，影金领子，著得偏宜。
> 步稳金莲，香熏纨扇，舞转花枝。
> 捧杯更著脁䏶。唱一个、新行要词。
> 玉骨冰肌，好天良夜，怎不怜伊。

即便后来宁宗以身作则，将宫中奢靡首饰服装都在闹市当街焚毁，又对贵近之家严加约束，随之

[①] 本条见明・杨士奇《历代名臣奏议・礼乐》引，原作"淳熙间"；实际袁说友是在光宗绍熙三年至五年（1192—1194 年）间知临安府。

[②]《咸淳临安志》卷四一《诏令》记嘉泰元年（1201 年）四月辛卯宁宗诏禁风俗侈靡：风俗侈靡，日甚一日，服食器用，殊无区别，虽屡有约束，终未尽革。……销金铺翠，并不许服用。除先将宫中首饰、衣服等，令内东门司日下拘收焚之通衢，其中外士庶之家，令有司检照前后条法，严立罪赏禁止。贵近之家，尤当遵守。如有违犯，必罚无赦。

而来的朝廷禁令也总是落后一步，收效甚微，朝廷好不容易定立齐整的衣冠服制，终于随着全民频繁地僭越逾制而全面崩坏。①在宋嘉定年间（1208—1224 年）刊本《天竺灵签》的插图中，有不少对于当时民间女性服饰的表现，其中无论是梳双鬟的少女，还是梳髻戴冠的成年妇人，都有一件窄窄长长的背子罩身。

嘉定十年（1217 年），进士王迈向宁宗进言，夸张地描述起时尚的奢侈与传播的迅速——即便是小小的首饰，也当得起十万钱的高价，而且不光是大富大贵之家这般，中产之家也尽力仿效。早晨后宫妃嫔有了新衣新饰，晚上民间就能流行开来。②

穿背子的女性
宋嘉定刊本《天竺灵签》

四、废都故貌（1127—1234 年）

就目前所见而言，与南宋同时期、占据中原地区的金朝，特别是宋遗民所在地区，女性衣装仍在宣和妆束基础上继续发展，受金人风俗的影响，和南宋衣式渐渐产生了不少细节差异。

范成大于乾道六年（1170 年）出使金国，在途中曾记录下北宋故地的风俗变迁，当他途经已成为金国"南京"的汴梁故都时，发现"靖康之变"后不到五十年，百姓已久习胡俗，男子衣冠尽为胡制；唯有妇人的服装改变不多，只是她们很少戴冠，大多露发梳髻。③范成大所见的女性衣式，应与山西长子县小关村金代大定十四年（1174 年）墓④壁画中所绘接近，衣式仍是宋样，只是妇人无论尊卑都未戴冠。

① 《宋会要辑稿·刑法二》记嘉定四年（1211 年）十二月二十五日臣僚言：今日之习俗，僭拟逾制，冒上无禁，流弊至此，不可不革。

② 南宋·王迈《臞轩集》卷一《丁丑廷对策》。

③ 南宋·范成大《揽辔录》：民亦久习胡俗，态度嗜好，与之俱化，最甚者衣装之类，其制尽为胡矣。自过淮已北皆然，而京师尤甚。唯妇人之服不甚改，而戴冠者绝少，多绾髻。贵人家即用珠珑璁冒之，谓之方髻。

④ 长治市博物馆. 山西长子县小关村金代纪年壁画墓[J]. 文物, 2008, (10).

① 南宋·周辉《北辕录》。

"宣和旧妆束"的金代女性
山西长子县小关村金代大定十四年（1174 年）墓壁画

身穿蓬起裙装的侍女
陕西甘泉金明昌七年（1196 年）
墓壁画

在稍后的淳熙三年（1176 年），同在中原归德府境内，南宋使者周辉又察觉到，"入境，男子衣皆小窄，妇女衫皆极宽大"，与南宋衣制有所不同①。周辉之所以见到"衫极宽大"，大约是因衫下还衬着女真式样的特色裙装，如宇文懋昭《大金国志》所记，"至妇人，衣曰'大袄子'，不领，如男子道服；裳曰'锦裙'，裙去左右，各阙二尺许，以铁条为圈，裹以绣帛，上以单裙袭之。"在表面的单裙下要加穿一层内加铁圈、外罩锦绣的衬裙，这种衬裙腰部作贴体的收腰处理，下摆逐渐蓬大。对照金墓出土的女性形象来看，裙装既已蓬大，披垂在外的对襟"大袄子"自也需配合做出收腰与宽大下摆的处理。此后金国女性的典型衣装式样，是将衫子穿作交领，不拘左衽或右衽；衫外拦腰束一条长裙；外罩一件长垂及足的长背子或大袄子，也不拘团领或对襟；再外还可另加一件半袖短衣。

随后金国女性服饰产生的另一特色，是在对襟或衣物开衩处频繁使用衿纽系结。如郑州文物考古研究院藏金承安五年（1200年）石棺线刻的启门妇人，她的对襟衣与裙装或裤装上，都排列有密集的纽结，区别于宋人女子流行的"不制衿"衣式。同类装饰也见于河南登封王上金墓壁画之中，两位领首的侍女，长垂及足的对襟衣中央是一排整齐的纽结。

大概因为这种衣式实在普遍，甚至影响到了金人对古装的理解。如出自内蒙古额济纳西夏黑水城遗址的一张木刻版画《随朝窈窕呈倾国之芳容》，由榜题可知，绘的是班姬、绿珠、王昭君、赵飞燕四美人，书"平阳姬家雕印"，显然来自金国的平阳。虽刻画的都是比宋金时期更早的古代美人，但其中王昭君所穿半袖短衫，呈现的便是密结衿纽的时世好尚。类似的服装实物更见于北京故宫博物院藏山西金墓出土的一件彩绘纱半袖衣，是在衣襟嵌有三副衿纽。

总的来说，即便南北分立百余年，但女性的衣饰差异只在细节，地域分别不算明显，搭配规则也多类似。随着南北和谈、交流频繁，金国人对南宋女子的妆束有了直观的感知，如河南郑州商城金代遗址出土的一方瓷枕，枕面绘弈棋仕女图，为盛夏柳荫下两个身穿衫子裆裤、头戴冠的南宋时装女性；直到金为蒙元所亡后，不少北人南逃，南宋人见及，也仍会觉得北人女性的妆束眼熟，当时诗人刘克庄就曾满怀感慨地在《北来人》诗中写下"凄凉旧京女，妆髻尚宣和"。

◉
女俑
山西孝义下吐京金承安三年（1198年）墓女俑

◉
启门妇人
金承安五年（1200年）石棺线刻，郑州文物考古研究院藏

▲

侍女

山东济南历城金泰和元年

（1201 年）墓壁画

▲

众侍女

河南登封王上金墓壁画

▶

四美图

内蒙古额济纳西夏黑水城遗迹

出土，俄国冬宫博物馆藏

▲

彩绘纱半袖衣

山西金墓出土，故宫博物院藏

▲

白地黑花仕女对弈图瓷枕枕面

河南郑州商城金代遗址出土，河南省文物考古研究所藏

不是爱风尘，似被前缘误。
花落花开自有时，总赖东君主。
去也终须去，住也如何住！
若得山花插满头，莫问奴归处。
——严蕊《卜算子》

严蕊

南宋后期

新妆难识旧承平

春有百花秋有月，夏有凉风冬有雪。

莫将闲事挂心头，便是人间好时节。

　　南宋禅僧惠开作禅颂一首，言及四时风物好景，需心无挂碍才赏得其中佳好；但是于南宋人而言，在联蒙灭金后，又是与蒙古四十年的对峙战争，应挂碍事可谓颇多。

　　但与北面金国的旧仇得报，又有了南宋前期丰厚的积累，宋人已经完全放下了实际早已松懈的"中兴复古"大业。此后宋蒙战场主要仍在西南，战争移至长江中游后，也对以临安为中心的江浙一带影响有限。远方的战火不足以感同身受，富贵繁华更足以使人忘忧。大量宋人依旧藏入"民物康阜"的盛世里，躲进"阆苑瑶池"的幻境里，"受用清福"或艳福。他们尤其关注这"人间好时节"的风花雪月，及时、对时行乐。

　　像过去北宋的宣和末世一般，衣装风尚再度迎来了至为奢靡的时期。当时文人阳枋对着如此情形

① 阳枋《字溪集》卷九《杂著·辨惑》：俗言三世仕宦，方会着衣吃饭。余谓三世仕宦，子孙必是奢侈享用之极！衣不肯着布绫绸绢、衲絮缊敝、澣濯补绽之服，必要绮罗绫縠、绞绡靡丽、新鲜华粲、绨缯绘画，时样奇巧、珍贵殊异，务以夸俗而胜人。

感叹道："常言道家里连续三代当官，才会明白如何讲究穿衣吃饭。我却认为若是三代当官，子孙都必定是奢侈享用到了极点；他们绝不肯穿破旧过时、材质普通的衣装，必是要去寻求奇巧珍贵的华丽新样，以便攀比胜过旁人。" ①

一、都城纪胜（1225—1279 年）

江南一带素来就以"风俗轻靡"而闻名。到了南宋后期，临安城里的奢侈之风比之北宋末年的汴梁城，更是有过之而无不及。时人吴自牧在记录当地风俗的《梦粱录》一书中反复渲染描写："杭城风俗，畴昔侈靡之习，至今不改也""杭城风俗，侈靡相尚""临安风俗，四时奢侈，赏玩殆无虚日"。

在此华都之中，女性妆束时尚的引领者是众多歌姬舞妓。如周密《武林旧事》记酒楼："每处各有私名妓数十辈，时妆衶服，巧笑争妍。夏月茉莉盈头，春满绮陌，凭槛招邀，谓之'卖客'。"

在盛大的活动场合中，名妓们也敢于去穿原本限定在命妇制度里的衣装。如《武林旧事》四月"开煮迎新"："库妓之琤琤（出类拔萃）者，皆珠翠盛妆，销金红背，乘绣鞯（jiān）宝勒骏骑。"

甚至有时她们的衣装会直接照搬南宋官方排比的三个层级的衣装等次，妓女间依照身份高低，衣装各有不同：领头的"行首"可穿命妇用作礼服的盛装"大衣"，头饰特髻；次一等则戴冠、穿背子、系裙；再次则戴冠、穿简便的衫子与裆袴。

宋人《歌乐图》
上海博物馆藏

大约作于宋理宗即位初年的《西湖老人繁盛录》提及当时妓家妆束："每库有行首二人，戴特髻，著乾红大袖；选像生有颜色者三四十人，戴冠子花朵，著艳色衫子；稍年高者，都著红背子，特髻。"

成书于端平二年（1235 年）的耐得翁《都城纪胜》记载："天府诸酒库，每遇寒食节前开沽煮酒，中秋节前后开沽新酒。各用妓弟，乘骑作三等装束：一等特髻大衣者；二等冠子裙背者；三等冠子衫子裆袴者。"

在作于宋度宗咸淳十年（1274 年）的《梦粱录》中，临安风俗依旧如此："其官私妓女，择为三等，上马先以顶冠花，衫子裆裤，次择秀丽有名者，带珠翠朵玉冠儿，销金衫儿、裙儿，各执花斗鼓儿，或捧龙阮琴瑟，后十余辈，著红大衣，带皂时髻，名之'行首'。"

这类形象也在宋画中有展现。如上海博物馆所藏宋人绘《歌乐图》，图中是乐妓演乐情形，诸女衣装都拟于过去的命妇贵女，头戴珠子松花特髻、系珍珠红头须，身上穿的红背子也都销金为饰，俨然可与南宋后期的诸种笔记文字记载对照。根据画面乐器推测，应是在预备演奏清乐——耐得翁《都城纪胜》"瓦舍众伎"一节记称，"清乐比马后乐，加方响、笙、笛，用小提鼓，其声亦轻细也"，结合《武林旧事》卷四所记南宋宫廷乾淳教坊乐部"马后乐"诸乐器有拍板、觱篥（bì lì）、笛、提鼓、札子，可知清乐乐器是在马后乐基础上增损，大体即与《歌乐图》画面对应。

又有清宫旧藏宋人《纨扇画册》中一帧《荷亭纳凉图》的一角，绘水榭中一闲坐士人正听奏乐。其中香色衫子的女郎是执拍板唱慢词的歌妓，即所

① 南宋·耐得翁《都城纪胜》：唱叫小唱，谓执板唱慢曲、曲破，大率重起轻杀，故曰"浅斟低唱"。

▶

南宋·佚名《荷亭纳凉图》局部
台北故宫博物院藏

谓"小唱"或"雅唱"，起处音高，收时柔曼，以取余音袅袅之效①；配乐有白衫女吹笛，蓝衫女吹竽，配置自是比清乐省便得多。她们的衣装也是较清乐场景更为日常简便的衫子裆裤。

二、端平新装（1234—1259 年）

因官方的服饰制度已形同虚设，诸种贵妇人的服装配置使用都日渐下移普及，到了南宋后期，女性的衫子与背子式样已很难区分得清，二者呈现出合流的趋势。

先是背子的衣长有所缩减，几乎与长款的衫子无异。如在北京故宫博物院藏南宋理宗朝画家陈清波所绘《瑶台步月图》上，居中者可能即主母，头戴冠，身穿领、袖、下摆、开衩都装饰缘边的背子；

而站在她两侧的女性身份稍低，应是妾室，头戴冠，穿装饰生色领的背子或衫子；随侍的侍女梳双鬟，衫子外拦腰系一条汗巾。三种身份的女性，所穿上衣式样、长度已极接近，只能通过装饰细节来大体区分。

大约是为使服装制式在身份等级上重新作出区别，北宋一度流行过的宽松直袖式上衣，再度在官僚士族阶层的女眷间复兴。

如福建福州茶园山南宋端平二年（1235年）夫妇墓出土的女性衣物中，有少数几件上衣仍维持紧窄贴臂的小袖式样，袖展颇长；而多数上衣已变作宽松开敞的直袖式样，袖长有所缩减；同出的几件背子同样采用直袖式样，只是衣身长度更长，并在各处缘边与衣料接缝处都加装有饰金的窄花边。

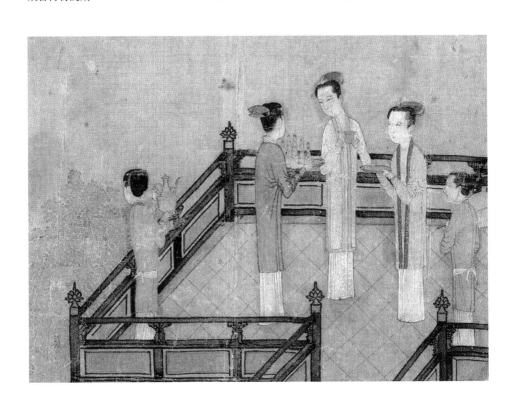

▼ ▶

宋理宗端平二年（1235 年）茶园山宋墓女墓主妆束形象

发式：据墓主发式与首饰组合绘制

服饰：茶园山宋墓出土了较完整的服饰实物。这里在文物基础上另行设计绘制

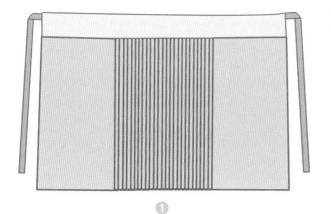

❶ 百褶裙：细密多褶的款式，
但两端分别留有不打褶的光面，
围系时光面在身前

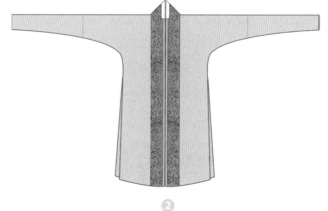

❷ 窄袖罗衫：衣袖极为瘦窄
的款式，穿着时衣袖紧贴手臂。
衣身两侧开衩

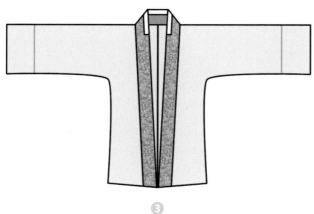

❸ 直袖罗衫：衣袖更宽松的款
式。衣身两侧开衩

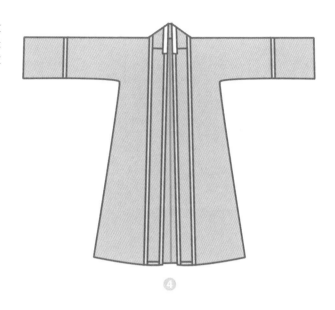

④ 直袖罗背子：以紫色梅花纹罗裁制，衣身较长，直袖，缘边和接缝处加缝印金花边。衣身两侧开衩

④

① 福建省博物馆. 福州南宋黄昇墓 [M]. 北京：文物出版社，1982.

② 南宋·吴自牧《梦粱录》：自淳祐年来，衣冠更易，有一等晚年后生，不体旧规，裹奇巾异服，三五为群，斗美夸丽，殊令人厌见，非复旧时淳朴矣。

而在不久之后福州浮仓山南宋淳祐三年（1243年）宗室赵与骏之妻黄昇的墓葬①中，出土的衣物无论衫袄还是背子，已全是开敞直袖式样，不再见到过去的小袖款式。尤为引人注目的是这些衣衫领边袖缘上的风致——宽宽窄窄的一道道领抹、缘边采用织绣绘饰多种工艺细细制出，规规矩矩的直线间停驻的是四季花卉、飞鸟游鱼、祥狮瑞凤等诸般活泼灵动的纹饰——正如当时的女子，即便已为程朱理学的条条框框所束缚，在受局限的生命里仍满怀着对生活无限的热爱。

这般做法，自然衬着当时世间人普遍崇尚精巧奢侈，"巧制新妆、竞夸华丽"的背景。难怪那些夫子学究，回想淳祐年间（1241—1252年）的临安往事，也要大加感慨：这些晚辈后生们完全不去理解旧日的规矩，总是喜爱奇装异服，相互斗美夸丽，再无旧日的淳朴了！②

宋理宗淳祐三年（1243年）
黄昇妆束形象

发式与妆容：据墓主发式与首
饰、同时期文献记载组合绘制

服饰：黄昇墓服饰保存完整且
在目前所见宋代服饰中制作最
为精巧。这里均据出土服饰实
物进行设计绘制

日常搭配：

❶ 内衣：南宋流行的抹胸与
裆裤

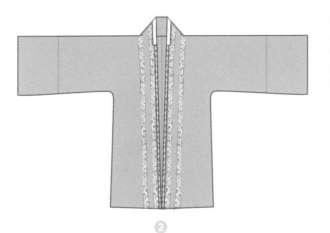

② 衫子：参考黄昇墓出土花罗单衣绘制。衣身剪裁宽松，两侧开衩，领边镶嵌宽窄多条领抹或牙边。袖口在直袖基础上略呈外扩状态

②

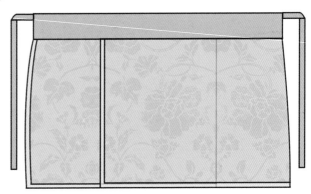

③ 赶上裙：参考黄昇墓出土罗裙绘制。这是当时流行的新款裙式

③

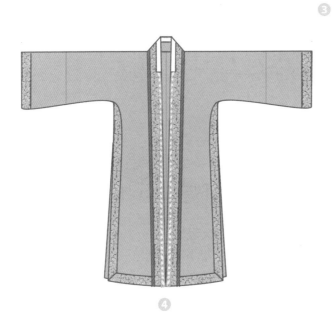

④ 背子：参考黄昇墓出土紫纱背子绘制。衣身较长，两侧开衩，剪裁宽松，领边、袖口、下摆、开衩处都镶嵌有领抹或牙边。袖口在直袖基础上略呈外扩状态

④

① 《宋史·五行志》：理宗朝，宫妃系前后掩裙而长萃地，名"赶上裙"；梳高髻于顶，曰"不走落"；束足纤直，名"快上马"；粉点眼角，名"泪妆"。

② [意]马可波罗口述；[法]沙海昂注；冯承钧译；马可波罗行纪[M].北京：商务印书馆，2012.

黄昇墓出土的裙装，除却配合大袖礼服的旧样褶裙之外，也有另一类新潮的时装裙式：裙身是由上下交叠的两片裙片组成，每个裙片又是由一宽一窄两块裁片拼作上略窄下稍宽的式样，裙缘还加有一条窄窄的饰金装饰花边。具体穿着时，因裙片存在交叠部分，为两腿迈步行动留出了自由离合的便利空间——这俨然继承着北宋曾一度风靡于汴梁城中妓女与士大夫家眷之中、"前后开胯"以便骑驴的"旋裙"式样，只是裙片交掩得更严密，显得更为保守。对照史籍来看，这种前后两片相掩的裙式，应即宋理宗后宫妃嫔发明的"赶上裙"，形为"前后掩裙而长萃地"；与之搭配的还有梳在头顶的高髻"不走落"，缠足也束得纤直，名"快上马"，几个名称似乎都表明这是便于频繁骑乘出行的妆束。①

三、景定旧样（1260—1279 年）

摇摇欲坠的南宋时日无多，但直到灭亡前夕，临安城中的旖旎绮梦仍旧未醒，人们仍对衣饰十分讲究。威尼斯旅行家马可·波罗来到江南，便惊叹于南宋尤其是"行在"（Quinsay，即临安城）城中居民的衣装："居人面白形美，男妇皆然，多衣丝绸，盖行在全境产丝甚饶，而商贾由他州输入之数尤难胜计。""妇女皆丽，育于婉娈柔顺之中，衣丝绸而带珠宝，其价未能估计。"②

只是因元军入侵，兵连祸接，南方地区的人们已能实际感受到战火，流行未久的端平式宽松衣装不得不再度发生改变。宋末元初人、自称城北遗民的徐大焯，在其所撰《烬余录》中，满怀痛彻地追忆旧事，提到在理宗景定（1260—1264年）之后，女性妆束已变得如北宋后期宣和、靖康年间一般短窄紧小，有识之人追忆起昔日"服妖"的不祥征兆，却已然无法禁止流行。究其原因，并非是"服妖"造就乱世，反倒是乱世才造就"服妖"——女郎们眼见在战乱中有人因穿着宽衣大袖不便跑动逃离而死，自然都纷纷改换了遇着战乱方便逃避的紧窄式样。[①]此时妆束，可引宋词"宣和旧日，临安南渡，芳景犹自如故"（刘辰翁《永遇乐》）来形容。

对照江西德安南宋度宗咸淳十年（1274年）周氏墓[②]中出土的大量服装实物，可以发现不少当时出现的有趣新细节。衫子一改以往两襟松敞的"不制襟"衣式，对襟上或是暗暗缝上了曾经在北地金国流行的纽扣，或是在领下又另缝一双长垂的衿带。这对衿带除了起束系的实际作用，更可随着领缘长垂而下作为装饰。传世宋画中多见这类衿带细节。如一卷大约摹于宋元之际的《中兴瑞应图》，韦氏身后众妾侍衫下已然垂下白色的长带。在团扇小画《荷亭婴戏图》《蕉荫击球图》中，家常场景里的戴冠女子，所穿衫子也都同样垂有饰带。

江苏常州武进村前乡蒋塘宋墓5号墓[③]出土的一件戗金银扣花形朱漆奁，盖面绘一幅仕女庭园消夏图，图中两女头戴冠，鬟发梳得蓬松隆起，身穿紧袖对襟衫子与窄裤，执扇把臂前行；一个侍儿捧花瓶随后。[④]该墓时代未详，不过这处绘画中人物鬟发蓬松隆起，紧窄贴体的衫子下饰垂带，裤装也较宋画样态紧窄得多，似乎已是南宋末景定以来时世妆束。

① 宋末元初·城北遗民《烬余录》乙编。

② 德安县博物馆. 德安南宋周氏墓[M]. 南昌：江西人民出版社，1999.

③ 陈晶，陈丽华. 江苏武进村前南宋墓清理纪要[J]. 考古，1986，（3）.

④ 陈晶. 记江苏武进新出土的南宋珍贵漆器[J]. 文物，1979，（3）.

南宋·佚名《中兴瑞应图》
私人藏

南宋·佚名《荷亭婴戏图》局部
美国波士顿美术馆藏

南宋·佚名《蕉荫击球图》局部
故宫博物院藏

△
南宋戗金银扣花形朱漆奁盖
常州市博物馆藏

　　而在上衣的领抹之上，加装一道用以防护发油污渍与磨损、可供拆洗的素色窄条护领原本也是南宋的常例，这道护领通常与对襟同样呈竖直的布置；周氏墓中的几件衣物的护领却被制成了小翻领的胡风样式。传世宋画中依旧可见其式，如清宫旧藏宋人《纨扇画册》中的《仙馆秾花图》，小阁内右侧一女着香色衫子，领上有白色三角翻领；左侧一女着红衫子，衫上又罩北方式样的半袖，也加装了白色小翻领。

　　尤为独特的是周氏墓出土的裙装。在传统式样的褶裙、端平新样的赶上裙之外，又有一式褶裆裙，可算作裆裤与裙装的结合式样，裙身三处加褶，上端缝合，下端自由散开，穿在身上后从身前与左右看，形态与当时流行的敞口裆裤无别。

南宋·佚名《仙馆秾花图》局部
台北故宫博物院藏

穿敞口裆裤的女性

南宋·佚名《万花春睡图》局部

宋度宗咸淳十年（1274 年）周氏妆束形象

发式与妆容：据墓主发式与首饰、同时期文献记载组合绘制

服饰：周氏墓出土了完整的服饰实物。这里在文物基础上另行设计绘制

❶ 褶裥裙：裙身结合了裆裤的设计思路，在身前与左右两侧加褶，上端多点缝合，下端松散开来，穿着时类似裆裤

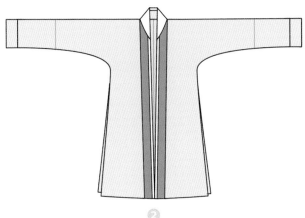

❷ 翻领衫子：窄袖上衣，另加小翻领装饰

❷

❸ 衫子：参考周氏墓出土罗襟纱衫子绘制。特别之处在于对襟上加缝有纽扣与装饰性的垂带

❸

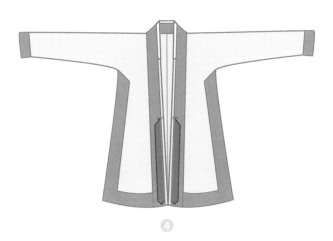

❹ 背子：参考周氏墓出土背子绘制。长度与衫子相当，但领边、袖口、下摆、开衩处都镶嵌有领抹或牙边。衣领上同样有纽扣与垂带

❹

四、南风北调

即便是宋亡之后，宋式妆束的一段好风流，依旧未尝暂歇。南方女性仍如前朝一般，头戴冠、身穿披罩在外的背子，只是式样细节也吸纳了一些北方元素。如湖南华容元墓女墓主的服装搭配[①]：头饰银冠与簪钗、插梳；上身所穿一件背子虽还能够将领垂作对襟，实际根据领间加缝系带来看，穿着时已穿作了交叠的左衽；下身的褶裙，则是宋式赶上裙与褶裥裙的结合式样，形为两幅裙片相叠，裙边也镶有织金的花边，而裙片之中则加上了细密的褶裥。

① 袁建平. 穿戴出来的时尚——湖南地区的服饰流变 [J]. 文物天地，2017，(12)．

素罗夹背子
湖南华容元墓出土

牡丹菊花纹领夹褶裙
湖南华容元墓出土

① 潘行荣. 元集宁路故城出土的窖藏丝织物及其他[J]. 文物, 1979, (8).

② 隆化民族博物馆. 洞藏锦绣六百年 河北隆化鸽子洞洞藏元代文物[M]. 北京: 文物出版社, 2015.

而北方女性则多穿团衫、袄与长裙，只是在上衣外还可另加一件半袖衣作为正装，这种衣式名作"比肩"或"比甲"，实际上仍是由"背子"的胡音"baeja"再度转写成汉字而来，它的源头和使用意义可能都与宋式背子相似，只是因地域不同，随着时尚发展，式样也变得差异极大。内蒙古元代集宁路故城遗址一处窖藏大瓮中，出土了两件半袖衣①，一件以罗为面，刺绣九十九组各不相同的花鸟走兽人物；一件以绫为面，通体印金花。华丽的装饰表明其是穿着在外的正式衣物。河北隆化鸽子洞出土的一包元代衣物②中，同样也有两件半袖衣，一件面为蓝地万字龙纹双色锦，一件面为蓝地黄龟甲梅花纹双色锦。

半袖衣
内蒙古元代集宁路故城遗址窖藏出土

半袖衣
河北隆化鸽子洞元代窖藏出土

　　元曲中时常将南北两式妆束并举,如无名氏《双姬》曲:"珍珠包髻翡翠花,一似现世的菩萨。绣袄儿齐腰撒跨,小名儿唤做茶茶",则茶茶为北地胭脂;"翠袖殷勤捧玉觞,浅斟低唱。便是个恼乱杀苏州小样,小名儿唤做当当",当当自是南都佳人。又无名氏《喜春来》曲:"冠儿褙(bèi)子多风韵,包髻团衫也不村,画堂歌管两般春。"

　　此外,从元曲的诸多描写似乎可以看出,北地妆束中的"包髻团衫"似乎在当时人眼中更体面尊贵些。如关汉卿杂剧《望江亭》:"大夫人不许他、

半袖衣与内搭的夹袄

甘肃漳县元代汪世显家族墓出土

① 明·胡震亨《海盐县图经》引朱祚《家传》：虞氏姑，生洪武戊辰年，至成化丁亥始卒，常出故衣服示人，云是先世所遗也。其制有云肩、合袖、背子、长袄，间有龙凤金织文者。问祖姑帨发老媪云：元盛时，天下太平，法度无禁，凡有宴会，非服此不预。

许他做第二个夫人，包髻、团衫、绣手巾，都是他受用的。"又《诈妮子调风月》："许下我包髻、团衫、绣手巾。专等你世袭千户的小夫人。"

时装的发展依旧环环相扣，并不随朝代变迁而立时更改。若干宋时衣式持续流行到了明朝。明初浙江海盐县一位洪武戊辰年间（1388年）出生的女子，清点自家先人所遗留的衣物，其中就既有南方流行的背子，又有北方流行的长袄[①]，可见元末明初的江南女子衣装依旧呈现着南北并见的样态。

面妆首饰杂啼痕，谁信幽香似玉魂。

门掩落花人不到，怅然犹得对芳樽。

——集宋人句

第二篇／冠梳钗钏

概说

　　两宋时代，女性的首饰以式样论，主要包括
戴于发髻之外的冠子、绾（wǎn）发的簪钗与梳篦、
挂耳的耳环耳坠，此外又有戒指、手镯、项链、
配件；若以做工材质论，则大体可分为金银与珠翠，
前者的制作者称"金银匠"，工艺在于捶打镂刻
或曰"钑（sà）镂"，后者的制作者称"珠翠匠"，
工艺在于结珠铺翠或曰"装花"。

　　首饰与宋朝社会上层女性的日常息息相关。
在南宋人吴自牧所著、记录当时临安风俗的笔记
《梦粱录》中，便有一段颇为有趣的记载："又
有善女人，皆府室宅舍内司之府第娘子、夫人等，
建庚申会，诵《圆觉经》，俱带珠翠珍宝首饰赴
会，人呼曰'斗宝会'。"说的是当时在临安城
中，一众信仰佛法的贵家娘子、夫人，成立了一
个名为"庚申会"的活动社团，平日相聚诵读《圆
觉经》，但聚会实际上还有一层争艳斗美的目的，
她们各个插戴了珠翠珍宝，竞争谁的首饰更精巧
华美，乃至于人们戏称"庚申会"为"斗宝会"。

但当时普通人也情愿在首饰上消费甚至挥霍。如张仲文笔记《白獭髓》中记称："行都人多易贫乏者……妻孥皆衣弊衣，跣足，而带金银钗钏，夜则赁被而宿"，说的是南宋临安城中平民百姓的妻眷，哪怕是穷得破衣光脚、晚上都要租被子睡觉，也要存钱购置金银首饰。

　　本篇接下来将选取两宋七座重要墓葬的首饰进行复原组合推测，探寻首饰主人的人生故事，同时由点及面，排比罗列同类首饰与相关记载，分析考证首饰的式样，展现首饰时尚的变迁。

冰蚕吐丝织纤纨，妙娥貌玉轻邯郸。
曲眉浅脸鸦发盘，白角莹薄垂肩冠。
铜青罗衫日月团，红裙撮晕朝霞干。
手中把笔书小字，字以通情形以观。
形随画去能长好，岁岁年年应不老。
相逢熟识眼生春，重伴忘忧作萱草。

——梅尧臣《当世家观画》

宰相夫人段氏

宰相夫人段氏

1963 年 11—12 月间，江西文物管理委员会在永新县发掘了北宋名臣刘沆与其妻秦国夫人段氏之墓。[①]刘沆其人，见于宋史记载，为北宋仁宗朝名相。他出身乡里豪族，生性豪爽，倜傥侠义，早年科举屡试"进士"不中，自称"退士"。直到北宋天圣八年（1030 年），才终于被选为进士第二名，开始了仕途，最终成为大宋丞相。史书上对他的成就事为记载得颇详尽，却无半字与他的妻子相关。

但根据记载中的一些蛛丝马迹，仍能大略推知刘沆之妻段氏的一些生活经历——她嫁与刘沆时，刘沆尚因屡试不中而颓丧，夫妇度过了一段举案齐眉的乡间生活。随着刘沆为官，她自然妻随夫贵，朝廷赐予的命妇封号随着丈夫官位一级级升高，但生活却少了昔日乡间的安稳，多了担惊受怕——刘沆先是北上出使，又南下征伐，几度身临险境。直到丈夫终于回京任官，她才能得以安心。

① 彭适凡，程应麟．北宋刘沆墓发掘简报[J]．文物工作资料，1964，（1）；彭适凡，程应麟，秦光杰．江西永新北宋刘沆墓发掘报告[J]．考古，1964，（1）．

此刻的宋仁宗，正深深眷恋着张贵妃。刘沆正是张贵妃的前朝支持者，段氏大约此时也帮助丈夫往来斡旋，沟通前朝与内廷。后来刘沆官拜参知政事，朝堂上甚至有人上书弹劾他刻意讨好张贵妃以谋求仕途。然而云散风流岁月迁，皇佑六年（1054年），张贵妃不幸早逝，宋仁宗万般悲恸之下，不顾规矩礼法，执意要追封爱人为皇后、以皇后礼安葬，遭到众多大臣极力反对，百般劝谏。刘沆是支持追封张贵妃的官员，仁宗任其为宰相，兼任张贵妃园陵使。

刘沆拜相后，仍恪尽职守，长于吏事，只是他性情率直，树敌太多，朝堂上常遭攻讦。一朝罢相，郁郁而终。因有官员上书落井下石，家人甚至不敢向朝廷请求谥号。仁宗念及往事，为刘沆亲题"思贤之碑"四字。此后朝廷追封哀荣不断，段氏也先后获得楚国太夫人、韩国太夫人、秦国太夫人等封号。

形象复原依据

段氏的首饰包括金裹头银簪一双、嵌水晶银钗一支、鎏金银缠枝花纹包边木梳三把（一大两小，木质梳体已残）、金耳环一对（出土时仅余一只），此外还残余条状金头饰四块，原本应镶嵌在冠上。

出土时首饰位置大致分明：头戴饰有金饰的长冠，冠上前后各插一枚金裹头银簪；稍小的长梳压在两鬓，冠后压一把大梳。这里参照山西高平开化寺壁画中女供养人形象推测补全了冠式，并补绘了嵌水晶银钗缺失的坠饰部分。

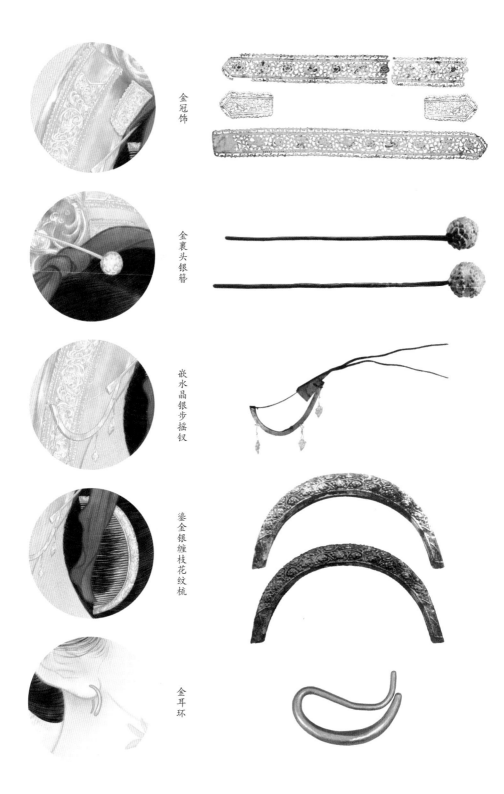

金冠饰

金裹头银簪

嵌水晶银步摇钗

鎏金银缠枝花纹梳

金耳环

① 南宋·王栐《燕翼诒谋录》：旧制，妇人冠以漆纱为之，而加以饰，金银珠翠，采色装花，初无定制。仁宗时，宫中以白角改造冠并梳，冠之长至三尺，有等肩者，梳至一尺。

② 妊娠七八月的胎鹿毛皮呈深紫的底色上显出白色小花斑点的状态，鹿胎冠即采用这种毛皮制成。南宋李攸《宋朝事实》卷三记宋仁宗景祐三年（1036 年）对鹿胎冠所下禁令：比闻臣僚士庶人家多以鹿胎制造冠子，及有命妇亦戴鹿胎冠子入内者，以致诸处采捕，杀害生牲。宜严行禁绝。

③ 南宋·周辉《清波杂志》：皇祐初，诏妇人所服冠，高毋得过七寸，广毋得逾一尺，梳毋得逾尺，以角为之。先是，宫中尚白角冠，人争效之，号内样冠，名曰垂肩、等肩。至有长三尺者，登车舆皆侧首而入，梳长亦逾尺。议者以为服妖，乃禁止之。

④ 南宋·王栐《燕翼诒谋录》：议者以为妖，仁宗亦恶其侈。皇祐元年十月，诏禁中外不得以角为冠梳，冠广不得过一尺，长不得过四寸，梳长不得过四寸。终仁宗之世，无敢犯者。其后侈靡之风盛行，冠不特白角，又易以鱼魫；梳不特白角，又易以象牙、玳瑁矣。

✿ 首饰小识：白角莹薄内样冠

女子头上戴冠的风习，在唐时已颇有见，至宋朝则逐渐成为一大时尚。起初，这类冠多是以漆纱制成，又在其上装饰各色绢花与金银珠翠。[①]此外，又一度有以鹿胎革[②]、玳瑁等奢侈材料制作头冠。冠的式样极多，并无定制。

北宋人李昭遘曾谈及母亲以孝事奉婆母的情况（孔平仲《谈苑》），特别提到"事姑二十年，唯梳发髻，姑亡始戴冠"（侍奉婆母二十年，都只梳发髻以表谦卑，直到婆母去世之后，才开始戴冠），可见北宋初年，女子戴冠要比梳发髻更尊贵。不过随后李昭遘又感叹道，"今士大夫家子妇三日已冠，而与姑宴饮矣"（如今士大夫家的新媳，成婚三日后就戴上了冠，坦然与婆母同坐宴饮了）。冠变得更加寻常化，迅速在士大夫阶层的女性间流行开来。

到了北宋仁宗朝时，开始流行起一种以白角制作、式样夸张的头冠。因其是从宫中流行开来，故得名"内样冠"。它的形态极为宽阔，被称作"等肩冠"。时风最为热烈时，等肩冠甚至宽达三四尺，戴冠的贵夫人们必须侧着头才能进出车轿。[③]然而，这类浮夸奢侈的冠式令仁宗不喜，因此在皇祐元年（1049 年），他特别对白角冠下了禁令，规定其尺寸宽不得过一尺。

于是这一时尚在仁宗朝有所消停，但不久就再度复兴，甚至比原先有过之而无不及，冠的用材不止白角，还有更珍贵的鱼魫石。[④]在山西运城临猗北宋熙宁八年（1075 年）墓壁画与砖雕中，有见女子头戴一种长冠，冠中起一道竖向的宽梁，向左

戴等肩冠的侍女
山西运城临猗北宋熙宁八年（1075 年）墓壁画与砖雕

① 北宋·王得臣《麈史》：复以长者屈四角而下至于肩，谓之"弹肩"。

② 北宋·沈括《梦溪笔谈·汉朱鲔墓》。

③ 成都市文物考古研究所、新津县文物管理所．新津县邓双乡北宋石室墓发掘简报．成都考古发现 2002 [M]．北京：科学出版社，2004．

右延展及肩，大约是仁宗朝流行的"等肩冠"遗式。山西高平开化寺大雄宝殿内也保存有绘制于北宋元祐七年（1092 年）至绍圣三年（1096 年）间的壁画，其中诸位北宋女供养人，仍头戴等肩宽冠。

还有不少冠式在仁宗朝内样冠的基础上发展出来。若将长冠的四角弯曲向肩部下垂，就成了"弹肩冠"或"垂肩冠"。① 而沈括《梦溪笔谈》记称当时妇人所戴的垂肩角冠形态，是"两翼抱面，下垂及肩"。② 按照描述，应如元丰四年（1081 年）四川新津王公夫妇墓③ 中女俑头上，冠在头顶发髻前后分作两片，又伸展出两翼傍脸收束，直向两肩垂下。

戴垂肩冠女俑
四川新津元丰四年（1081 年）
王公夫妇墓出土

戴等肩冠的女供养人
山西高平开化寺北宋壁画局部

① 北宋·王得臣《麈史》：又以觯
肩直其角而短，谓之"短冠"。今
则一用太妃冠矣。

② 魏传来．山东淄博古窑址出土
陶瓷欣赏[J]．陶瓷科学与艺术，
2014，（5）．

若是将"觯肩冠"拉直、缩短，又成为"短冠"[①]
或"一字冠"。在宋话本《杨思温燕山逢故人》中，
金军靖康破宋之后，在北方的燕山城中，宋人杨思
温遇着被掠为金人妾室的郑义娘，见她仍是宣和年
间宫廷妆束："四珠环胜内家妆，一字冠成宫里样。
未改宣和妆束，犹存帝里风流。"宫中内样的"一
字冠"，还保留着她身为宋女的最后一些回忆与尊
严。这般描述还可以与山东淄博金代窑址出土的三
彩女俑[②]对看，时处金国，中原仕女头上的各样冠
式，仍承继着一些北宋的繁华旧梦。

需特别注意的是，当时制冠所用白角、鱼魫之
类的材料较为特殊，今人往往对其不明所以，甚至
认为当时女子是把角与鱼骨直接戴在了头上。实际
上，这涉及一项当时流行的首饰制作工艺——将生
物角质材料通过加热软化等方式加工后进行二次塑
形，制作出完整的头冠来。"魫（shěn）"或写作"枕"，
即鱼的枕骨。苏轼所作《鱼魫冠颂》，详细言说了
一顶"鱼魫冠"的制作工艺：

莹净鱼枕冠，细观初何物。

形气偶相值，忽然而为鱼。

戴各样长短冠式的三彩女俑
山东淄博金代窑址出土

苏轼《鱼枕冠颂》帖
选自《三希堂法帖》

不幸遭网罟，剖鱼而得枕。

方其得枕时，是枕非复鱼。

汤火就模范，巉然冠五岳。

剖鱼取得鱼枕之后，经特殊的药水浸泡、以火加热，达到使鱼枕软化的目的；接下来，放入已设计好冠式的模子之中（这往往需要多枚鱼枕），使其凝固成形，一顶鱼枕冠这才制作出来。在其冷却前，还可以碾压上花纹，获得更加精美的装饰效果。可惜大都好物不坚牢，角质易老化皲裂，时时需修补维护。在北宋的都城汴梁，就有专事"补洗鱿角冠子"的工人。[1]

① 《东京梦华录》诸色杂卖条。

❀ 首饰小识：新梳斜插乌云髻

宋代仍延续着晚唐"广插钗梳"的头饰流行，宽大的内样冠饰，还需同样比例夸张的长梳来配，宋人罗列首饰也往往"冠梳"并举。但当时所流行的梳式已经与前代有所不同——唐人将梳俗称为"梳掌"，因当时梳的形态如手掌一般，是在平直

① 北宋·王得臣《麈史》：其方尚长冠也，所傅两脚旒（角梳）亦长七八寸。习尚之盛，在于皇佑、至和之间。

② 洛阳博物馆．河洛文明[M].郑州：中州古籍出版社，2012；516。按：太原小井峪北宋墓也出土有一对镂花木梳，式样类似。见代尊德．太原小井峪宋墓第二次发掘记[J].考古，1963，（5）．

③ 南京市博物馆．故都神韵 南京市博物馆文物精华[M].北京：文物出版社，2013.

的梳背下延伸出梳齿；而宋代典型样式的梳，梳背已随梳齿一起拱作弧形，或可称之为"梳桥"。

在北宋仁宗朝夸张的等肩冠流行之时，搭配的大梳也一度达到了长一尺余的程度。其制作方式和白角冠一致，是将加热的动物角质加入模具中定型而成。皇佑元年（1049 年），宋仁宗"梳长不得过一尺"的禁令一出，头饰浮夸的摩登女郎们才勉为其难地将插梳长度稍微缩减到七八寸的程度。①

梳在尺寸上已争不了新意，在用材与装饰细节上还可加以用心。段氏夫人墓中出土的三柄鎏金银缠枝花纹包边木梳，大约是禁令下符合制度的产物。这类梳是先制出基础的素面梳体，再另取一段长条金银片材，打出细巧的纹样，包镶于梳体"桥梁"部位作装饰。

家饶资财的富家女子，也大可用整体的一枚金银片材细细打作成梳。如河北易县大北城窖藏出土的一柄金梳，梳桥拱起处打造出缠枝莲台与鸳鸯纹饰。又能以雕镂之工加诸骨木材质，如洛阳北宋墓出土的一把雕镂缠枝牡丹纹的描金骨梳②；更有良工镂玉而成的珍品，如南京江宁建中村南宋秦氏家族墓出土的两柄玉梳③，式样仍同于北宋。

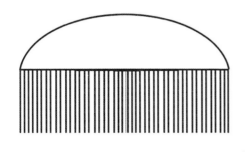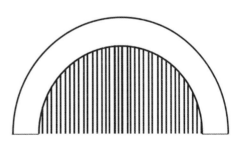

唐朝梳式（左）与宋朝梳式（右）的对比

缠枝花鸟纹金梳

河北易县大北城窖藏出土／河北易县博物馆藏

缠枝牡丹纹雕花木梳

山西太原小井峪宋墓出土

缠枝牡丹纹雕花骨梳

河南洛阳北宋墓出土

缠枝牡丹纹雕花玉梳

江苏南京江宁建中村秦氏家族墓出土

也有将多种工艺制法结合的繁复式样。仍是出自河北易县大北城辽代窖藏的一例，银片打制出两重花叶梳桥，再将梳桥鎏金与梳齿作区分，外圈又另覆一重细密小梅花结成的金质宽边。北宋元祐五年（1090 年）彭泽豪族女眷易氏八娘墓[①]中出土一柄银梳更为精致——先在一枚银片上打造本体，梳桥分作三重：内一重勾勒简单的叶纹，中心铭店家或匠人"周小四记"名号；中间一重打作突起的小

① 彭适凡，唐昌朴．江西发现几座北宋纪年墓[J]．文物，1980,(5)．

金镶银梳

河北易县大北城辽代窖藏出土／
河北易县博物馆藏

"周小四记"包镶银梳

江西彭泽北宋元祐五年（1080年）易氏八娘墓出土／
江西博物馆藏

梅花；外一重则镂空作双狮戏球纹样。梳桥之上还额外留出一道空边，另行包镶装饰球路纹饰带。

❀ 首饰小识：金裹头银簪

段氏夫人用以固定发髻与头冠的金裹头银簪，簪首为薄薄金片打制的空心小球，球面上细细压印錾（zàn）刻缠枝牡丹纹样，球下接一枝光素的银质簪杆。这是北宋流行的簪式，如江阴北宋至和二年（1055年）孙四娘子墓中，也出土了一双"金花银针"，空心金球以两枚金片打制的半球合成，球面上镂刻莲瓣、飞鸟与花叶，球下端另接一段银簪。

值得一提的是，孙四娘子墓志尚有文字传世至今，为北宋书法家蔡襄所写（《蔡忠惠公文集》卷三五《瑞昌县君孙氏墓志铭》）。由志文可知，孙四娘子随夫君葛宫宦海沉浮多年，还坦然安慰丈夫道："为官穷通，岂不有命耶？（为官通达与否，难道不是有命运安排吗？）"后来夫君为官显达，孙四娘子也先后受封乐安县君、瑞昌县君。如此看来，段氏夫人与孙四娘子的同类首饰，大约是与她们尊贵的身份相关。

类似的簪在北宋墓葬中多是单件出现。如陕西蓝田北宋吕氏家族墓马夫人墓[①]中出土的一枚，金裹头为散点花叶纹；陕西杜回北宋孟氏家族墓[②]中出土的一件，银质簪杆上细细镂刻出盘旋的龙纹，簪首金球以金丝编作镂刻式样。

用度奢华者，也大可直接以纯金打制，如江苏镇江北宋庆历五年（1045年）墓[③]出土的一支，簪头空心金质小球上装饰出三重莲台的托座。江西波阳北宋政和五年（1115年）咸宁郡太夫人施氏墓出土的一支，簪身錾刻一条飞龙，在云中盘旋直上至簪头。

不仅贵夫人们使用，侍女乃至田间村妇亦用类

① 陕西省考古研究院，西安市文物保护考古研究院，陕西历史博物馆编著．蓝田吕氏家族墓园 2 [M]．北京：文物出版社，2018．

② 胡松梅．陕西长安杜回北宋孟氏家族墓地 [J]．艺术品鉴，2021，（7）．

③ 镇江博物馆编．镇江出土金银器 [M]．北京：文物出版社，2012．

花叶纹金裹头银簪

陕西蓝田吕氏家族墓马夫人墓出土

金花头龙纹银簪

陕西长安杜回北宋孟氏家族墓出土

莲台纹金簪

江苏镇江何家门畜牧场北宋庆历五年（1045年）墓出土

蟠龙纹金簪

江西波阳北宋施氏墓出土／江西省博物馆藏

发髻与簪钗组合形象

河南登封唐庄宋墓壁画局部

发髻与簪梳组合形象

南宋·李嵩《货郎图》局部

① 郑州市文物考古研究院，登封市文物局．河南登封唐庄宋代壁画墓发掘简报[J]．文物，2012，(9)．

② 镇江博物馆编．镇江出土金银器[M]．北京：文物出版社，2012．

③ 常州市博物馆．江苏常州市红梅新村宋墓[J]．考古，1997，(11)；常州博物馆编．漆木·金银器[M]．北京：文物出版社，2008．

似的长簪绾髻，只是其用材、做工可能更寒朴些。只要有簪钗各一，她们就能将发髻盘挽得妥帖。这些以实用性为主的簪钗通常较别的装饰性簪钗长度更长，使用方式如北宋墓葬壁画中所呈现的①——长钗横贯发髻，长簪插于正前。宋人绘《货郎图》中乡间怀抱小儿买货的妇人，头上也是以裹头长簪贯在发髻前，再在发髻下斜压一把梳子。

镇江北宋黄氏墓出土了完整的首饰组合②：一枚金裹头长簪，簪头莲座托起一簇缠枝牡丹；一支鎏金银钗，头端线刻流云与碎花。

常州市红梅新村两座宋墓③，也出土了金裹头银簪与长钗构成的组合发饰：1号墓出土一支鎏金银钗，钗身镂刻缠枝牡丹与桂花，又一支金裹头银簪，簪首金球涌起祥云，其间浮出戏珠的双凤；2号墓出土一支银钗，镂刻缠枝牡丹，一支金裹头银簪，簪首金球亦是缠枝牡丹花纹。

祥云飞凤纹金裹头银簪

江苏常州红梅新村宋墓1号墓出土／常州市博物馆藏

缠枝牡丹纹金裹头簪（簪身已失）与鎏金银钗组合

镇江北宋黄氏墓出土

酒熟微红生眼尾。
半额龙香，冉冉飘衣袂。
云压宝钗撩不起。
黄金心字双垂耳。

愁入眉痕添秀美。
无限柔情，分付西流水。
忽被惊风吹别泪。
只应天也知人意。
——周邦彦《蝶恋花》

名臣之母管氏

名臣之母管氏

2014 年，安徽南陵铁拐村发现一处北宋古墓。经考古工作者抢救发掘，墓中出土大量文物，包括保存完好的宋代丝绸服饰及一套完整的金银首饰。[①] 据墓中出土的旌铭长幡上的文字记载，墓主是"安康郡太君管氏"。此外，对照古墓附近散落的一方《宋故徐府君墓志铭》可知，管氏之夫名为徐用之；夫妻有子名徐勣，是在《宋史》中留有记载的北宋名臣。

史载徐勣曾在科举考试中高中进士，开启了为官之路。表面上看，通过科举考试考场内的笔墨，可以使一个普通人立即显达成为名臣，实际上幕后的惨淡经营历时至久。首先需要出身平民的创业之祖先辛勤劳作，俭约积累，聚集财富，使子孙得到受教育的机会；又需要有天分的子孙勤学苦读，不败祖宗家业。在这持续多代人的背后，母亲和妻子的自我牺牲必不可少，却时常为人忽略，毫无文字记载。通过墓志与旌铭留下的只言片语可以知晓，

① 安徽省文物考古研究所，南陵县文物管理所．安徽南陵铁拐宋墓发掘简报[J]．文物，2016，(12)．

① 《宋会要辑稿》："徽宗建中靖国元年（1101年）二月十八日，给事中徐勣乞以所迁官回授母一郡封，从之。"

② 元·脱脱《宋史》："（徐勣）谒归视亲病，或言翰林学士未有出外者，帝曰：'勣谒告归尔，非去朝廷也，奈何轻欲夺之！'俄而遭忧。"

为了培育一代名臣徐勣，经历了祖辈、父辈两代人的努力，背后有着两位女性的身影：

一是徐勣的祖母程氏。程氏初嫁入徐家时，徐家家境尚很贫寒，由程氏悉心侍奉婆母王氏，相夫教子，辛勤持家，才使徐家逐渐宽裕，子孙得以走上读书人的道路。二是徐勣的母亲管氏。管氏嫁入徐家之时，徐家已是富足之家。徐用之与管氏夫妇却不忘贫微之本，时常周济贫寒乡邻；遭遇荒年，饿殍遍地，徐家也尽其所能赈灾，救人无数。管氏生有三个儿子，后来"皆为士人"，二子徐勣更考中进士；两个女儿所嫁之人，之后也都考中进士。

查阅宋史，能见徐勣在朝鲠正直谏，为官清廉，以爱民为本。宋徽宗建中靖国元年（1101年）时，徐勣为母向朝廷请封，管氏得封为"安康郡太君"①。徐勣在京城听闻母亲患病，请求回家探望。有人说翰林学士没有外出的制度，徐勣由皇帝亲自特许返乡探母。②大约在崇宁年间（1102—1106年），管氏在爱子陪伴下安然离世，当葬于是时。

形象复原依据

管氏夫人的一套首饰保存完整、位置明确，绘图时即依原位组合：发髻以一支金钗、一支金簪固定。簪钗式样都较为朴素实用：折股金钗光素无纹，金质长簪只在顶部饰以圆头。一枚折股钗、一枚圆头簪，构成了宋代女性首饰的基础组合。发髻两侧各插一柄银梳，银梳下部都连有长长的簪脚，显然已不具梳发功能，仅具簪戴装饰之用。此外又有一支以鎏金银丝扭结而成的步摇花斜插于发髻一侧。耳饰为一对黄金心字耳环。

　　类似的发式与首饰组合图像，还见于河南登封城南庄宋墓壁画^①所绘的女子头上。这座墓葬的时间更早，对应着管氏夫人的青年时代。

① 郑州市文物考古研究所，登封市文物局．河南登封城南庄宋代壁画墓[J]．文物，2005，(8)．

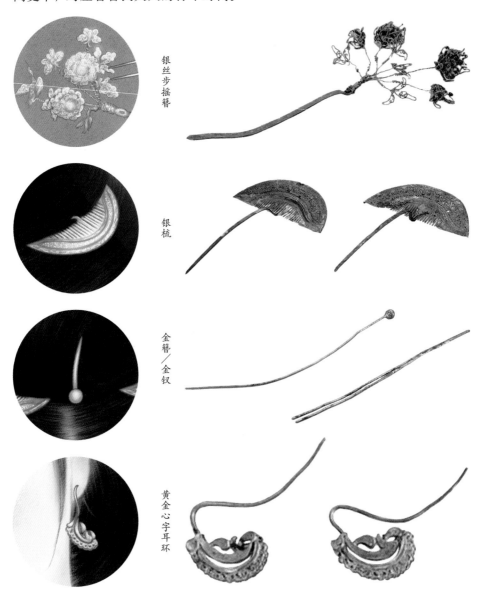

银丝步摇簪

银梳

金簪／金钗

黄金心字耳环

梳髻插梳女性

河南登封城南庄宋墓壁画局部

① 明人托元·伊世贞作《嫏嬛记》，卷上引《采兰杂志》：人谓"步摇"为女髻，非也。盖以银丝宛转，屈曲作花枝，插髻后随步辄摇，以增姽婳，故曰"步摇"。

② 类似的一组首饰组合出土于安徽望江九成坂宋墓，其中也有一支银丝步摇花。墓主为广平郡夫人程氏，葬于北宋元祐元年（1086年）。见安庆地区文物管理所《九成坂农场发现一座北宋纪年墓》《文物研究》（1988年第3期）。

③ 湖南省博物馆编著. 湖南宋元窖藏金银器的发现与研究[M]. 北京：文物出版社，2009.

✿ 首饰小识：缠丝步摇花

管氏头上的步摇花簪，是自前朝流行的"结条钗"演化而来，以细银丝做成螺旋式花叶枝条系于扁条形簪首上，又以鎏金银丝在端头缠出四叶四花。这代表着宋代流行的"步摇"式样，即"以银丝宛转，屈曲作花枝，插髻后随步辄摇。"①簪头缀满银丝缠出的花枝柔条，插在佳人鬓边随行步而摇曳——"步摇共鬓影，吹入花围"（史达祖《步月》），妙手巧制自有宋人歌词为之传神。

在花枝周围增饰蜂蝶、飞鸟，也是当时盛行的做法。北宋词家谢逸《蝶恋花》有"拢鬓步摇青玉碾，缺样花枝，叶叶蜂儿颤"，又有宋徽宗《宫词》："头上宫花妆翡翠，宝蝉珍蝶势如飞""飘飘头上宫花颤，蜂蝶惊飞不著人"。据此可知，步摇上不妨以宝石翠羽来增色。

因银丝较纤细，故保存完好的宋代步摇花簪不多见。②时代稍后的湖南元代窖藏③中出土有一支金步摇花簪，形是春园里绽放的一簇牡丹，几只蝶鸟绕花飞翔；又一支银步摇花簪，是由菱花与茨菇叶聚成的池中小景。

金步摇

湖南株洲攸县丫江桥元代窖藏出土

银步摇

湖南益阳八字哨元代窖藏出土

⚘ 首饰小识：黄金心字双垂耳

耳饰的起源可以追溯至上古时代，然而唐代却极少见女子耳饰实物与佩戴耳饰的形象，仿佛是将穿耳视作了不足取的胡人之风。直到唐末五代以来，耳饰才又流行起来，如五代后蜀欧阳炯《南乡子》词所述，"**耳坠金环穿瑟瑟**"，传世北宋宣祖后像的耳上正穿有饰蓝色瑟瑟石与珍珠的金环；同类耳饰又有北方辽朝陈国公主墓出土的一对，以金丝为系，穿起珍珠串与雕琢为龙舟竞渡式样的琥珀耳坠。[①]

更常见的辽代女性耳饰，形为一弯咬钩的飞鱼或飞龙，如辽耶律羽墓出土的一例。[②]这一时尚也影响到了宋朝。因其广为流行，甚至引来了北宋朝廷禁令："凡命妇许以金为首饰，及为小儿铃镯、钗篸（zān）、钏缠、耳环之属；仍毋得为牙鱼、飞鱼、奇巧飞动若龙形者。"[③]

然而朝廷的申斥依旧抑制不住世风流行。此后宋朝女子的耳饰，轮廓仍具辽式，上作细长钩脚，

① 内蒙古自治区文物考古研究所，哲里木盟博物馆编．辽陈国公主墓[M].北京：文物出版社，1993.

② 齐东方主编．中国美术全集 金银器玻璃器[M].合肥：黄山书社，2010.

③《宋史·舆服志》引北宋景祐三年（1036年）诏.

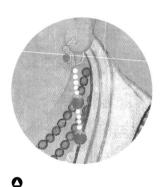

▲
黄金瑟瑟珍珠耳坠
宋宣祖后半身像局部／台北故宫博物院藏

▲
黄金珊瑚珍珠耳坠
辽陈国公主墓出土

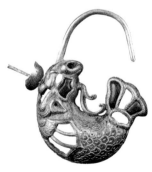

▲
嵌宝摩羯鱼金耳饰
辽耶律羽墓出土

① 镇江博物馆编．镇江出土金银器[M]．北京：文物出版社，2012.

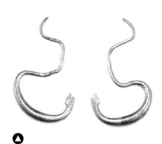

素面金耳坠
江苏镇江北宋黄氏墓出土／镇江博物馆藏

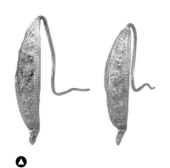

联珠梅花纹金耳坠
江苏常州红梅新村宋墓 2 号墓出土／常州市博物馆藏

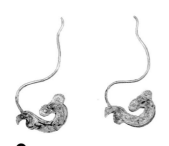

南宋心字金耳环
私人藏／浙江杭州南宋官窑博物馆《雅趣匠意：中成堂藏宋代器物展》出陈

下部耳坠曲成钩状；但耳坠的装饰风格已全然是中原风尚。有的是由一根金材打制，或全然不加藻饰，做出光素的一弦金钩，如江苏镇江北宋黄氏墓出土的一对①；或略施花草纹饰，如江苏常州红梅新村宋墓 2 号墓出土的一对，耳坠延展如片叶，沿边勾一圈联珠纹，中心填饰一列梅花。

而管氏夫人耳上的一双尤见巧思，钩状耳坠上顺势做出笔划工整的一个"心"字，心字底端又立雕出一排细碎盘旋的卷草。它原是用两片金片分别打造出文字与花饰，再贴合在耳环钩上成为一体。周邦彦《蝶恋花》中一句"云压宝钗撩不起，黄金心字双垂耳"，仿佛正是为管夫人的首饰而写。这一对也并非孤例，如一对传世的南宋"如意云形"金耳环，实则纹饰仍是一钩三点构成的"心"字。

❀ 首饰小识：冠儿时样都相称

在管氏夫人的随葬品中，还有一件编为团圆样式的竹编物件，正背面均又加缝绢帛。它虽并未被直接戴在头上，却极可能是一顶北宋后期流行的"团冠"。

大约是在北宋中期，民间女子开始流行佩戴一种用竹篾编成、再涂上颜料的团团圆圆冠，用材轻便廉价，式样也简单，当时称作"团冠"；时风从民间吹入家饶资财的贵夫人间，她们也纷纷在头上戴起了团冠，只是制冠的材质更珍贵、工艺更细巧——或是管夫人的竹冠那样在面上蒙以绢帛，或以角塑形，或以金银打制。团冠的流行甚至传入了宫廷之中，北宋李廌《师友谈记》中记宋哲宗朝元祐八年（1093年）上元节，宫中举办宴会，出席的两位太后头上也是"皆白角团冠，前后惟白玉龙簪而已"。这类团冠佩戴的具体形态，当如河南登封箭沟宋代壁画墓中女子头上一般 。^①

时髦女郎追逐"好容仪""新妆束"，一顶新巧的冠饰自然是必需品。在随后北宋末的徽宗一朝短短几十年间，以团冠为基础演变出了多种冠式。区别于宫廷传出、款式经典的"内样冠"，这类民间时尚带来的头冠式样数年即一变，以紧跟潮流、"得时样"为佳，可称作"时样冠"。^②

先是有人别出心裁地将团冠的前后部分设计成隆起的"冠山"，在两侧部分略裁低，呈现向下凹陷的"山口"，设计出所谓"山口冠"。在河南郑州黑山沟北宋绍圣四年（1097 年）墓壁画^③与河南白沙北宋元符二年（1099 年）墓的壁画^④中，女性头上的团冠两侧就已经有了略低的山口。湖南永州和尚岭曾出土一件金冠^⑤，面上錾刻折枝卷叶团花，花间侍立两队随从，拥出中央端坐的佛像，虽发掘信息阙如，但应可推定此为某个虔信佛法的贵妇人妆奁里的爱物。

① 张松林；郑州市文物考古研究所．郑州宋金壁画墓．北京：科学出版社，2005.

② 北宋·王得臣《麈史》：俄又编竹而为团者，涂之以绿，浸变而以角为之，谓之"团冠"。……又以团冠少裁其两边，而高其前后，谓之"山口"。

③ 张松林；郑州市文物考古研究所．郑州宋金壁画墓．北京：科学出版社，2005.

④ 宿白．白沙宋墓[M]．2 版．北京：文物出版社．

⑤ 喻燕姣．湖南出土金银器[M]．长沙：湖南美术出版社，2009.

▲
竹编团冠
安徽南陵安康郡君管氏墓出土

▲
戴团冠的女性
河南登封箭沟宋墓壁画

▲
戴山口冠的女性
河南郑州黑山沟北宋绍圣四年（1097 年）墓壁画

① 郑州市文物考古研究所、新密市博物馆. 河南新密市平陌宋代壁画墓[J]. 文物, 1998, (12).

② 奚明. 安徽舒城县三里村宋墓的清理[J]. 考古, 2005, (1).

时风愈加放恣，团冠的山口越凹越低，前后冠山却愈加向上高耸。上至宫人，下至厨娘、侍女，都喜戴这种高冠。如在山西晋祠圣母殿北宋宫人形象的雕塑中，即有一位头戴山口高冠。而河南新密平陌北宋大观二年（1108 年）墓壁画①、河南偃师酒流沟北宋墓砖雕中，女子头上的山口冠也都高到了夸张的程度。安徽舒城宋墓②出土了一顶银冠实物，与当时流行式样相符，只是尺寸较小。

▲
戴山口冠的女性
河南白沙北宋元符二年（1099 年）墓壁画

▲
金冠
湖南永州和尚岭出土

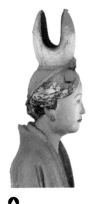

▲
戴山口冠的宫人
山西晋祠圣母殿宋代雕塑

▲
戴山口冠的厨娘
河南偃师酒流沟宋墓砖雕

▲
戴山口冠的民间女性
河南新密平陌北宋大观二年（1108 年）墓壁画

直到北宋末十余年间，高耸的团冠依旧盛行了一段时间，但同时又有一式复古的冠式出现，冠体呈椭球体，前后冠山变得向内倾斜翻卷，山口收窄如缝。湖北英山茅竹湾北宋政和四年（1114 年）胡氏墓中出土了一件银质小冠，冠壳如球，顶部开出一道弧形山口，正是这一流行的先声。

此外尚需一提，高高耸起的时样冠也曾反向影响了徽宗时期宫廷的内样冠。当时宫中传出一种竖立在头上的"四直冠"，如词人张孝祥《鹧鸪天》中所言："瞻阡门前识个人。柳眉桃脸不胜春。短襟衫子新来棹，四直冠儿内样新。"美人妆束如春，衣装新、冠饰新，正是一位身处时尚前沿的妙人。"四直冠"的具体形态大约如四川元通镇窖藏出土的两顶宋代金冠①一般，用金丝穿系四枚锤揲凸花的薄薄金叶而成，正可以与"四直"的名称对照。

① 张孜江．四川博物院收藏的一批辽宋金器[J]．文物，2012，(1)．

银山口冠

安徽舒城宋墓出土

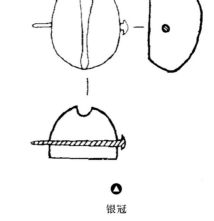

银冠

湖北英山茅竹湾北宋政和四年（1114 年）胡氏墓出土

▲

戴冠的女子

河南洛阳新安李村宋墓壁画

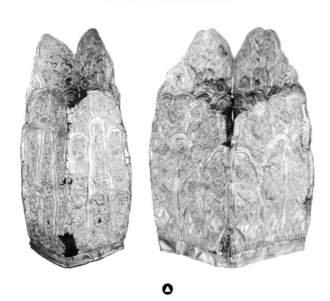

▲

四直冠

四川元通镇窖藏出土／四川博物院藏

一朵鞓红，宝钗压鬓东风溜。

年时也是牡丹时，相见花边酒。

初试夹纱半袖。

与花枝、盈盈斗秀。

对花临景，为景牵情，因花感旧。

题叶无凭，曲沟流水空回首。

梦云不入小山屏，真个欢难偶。

别后知他安否。

软红街、清明还又。

絮飞春尽，天远书沉，日长人瘦。

——孙惟信《烛影摇红》

宗室夫人黄昇

宗室夫人黄昇

1975 年，福建福州浮仓山上发现一座宋墓。由史料记载可以推知，这里是南宋莲城尉赵与骏夫妇的墓茔区域所在，而这座宋墓正是赵与骏之妻黄昇之墓。① 福建省博物馆. 福州南宋黄昇墓 [M]. 北京：文物出版社，1982.其中出土的一方墓志记载了这个南宋女子短暂的一生。

黄昇生于南宋福建泉州的一个书香世家，父亲黄朴于宋理宗绍定二年（1229 年）高中进士第一，随后在端平年间（1234—1236 年）任泉州知州兼提举市舶司等职。因母亲洪氏早亡，黄昇自幼由祖母潘夫人抚养。潘夫人是一位知书达礼的贵妇人，黄昇在她的教养下也"婉婉有仪，柔淑之声闻于闺井"。

在黄昇年满十六岁之时，其父黄朴遇到了同门前辈、身为赵宋宗室后人的赵师恕。两人谈起儿孙之事，黄朴发现赵师恕的孙子赵与骏也是年幼失怙，由祖父抚养长大。赵师恕提议为自家孙子赵与骏同黄朴幼女黄昇定下婚事。

鎏金银钑花钗

鎏金银钑花钗

角雕鬓梳

银斗高飞

两家长辈一拍即合，黄昇和赵与骏在南宋淳祐二年（1242年）完婚。赵师恕从故乡寄来的家书中得知，家人对这位新媳极是满意，称她"确守姆训，法度无违"。他于次年辞官告老返乡，正当想要享受由孙子、孙媳承奉于前的平安晚年时，却发现黄昇已不幸病故。他为这位嫁入自家未久的孙媳撰写墓志，感叹道：

尔年方十七，笄而事人，愿与夫共甘苦，同生死，岂谓千里之程，方出门行，未一日而止耶！

形象复原依据

黄昇头上的首饰保存完整。鎏金银钗三件插于发髻正中和两边。虽考古报告刊出时已将发髻与钗分离，但据钗的形态可作推测，应是短的一支插正中，长的两支对插发髻两侧。此外还有四把半月形角梳，压在髻边四周。在随葬的妆奁中还发现了一双银质飞蝶串起的饰件，这里也对照历史记载加以设计，装饰在了黄昇髻边。

宋朝男女原有以头钗定情的风俗[①]，这些首饰或许正是赵与骏曾经赠与妻子黄昇的信物。

⊛ 首饰小识：双蝶斗高飞

这是仿照真实飞蛾或飞蝶的形态制作的小饰物（蝶、蛾、蝉在当时并不严格区分，均可笼统称呼），可供男子饰在巾帽侧畔、女子挂于髻边钗头。女子佩戴的闹蛾，又有名"宜男蝉"[②]。湖北麻城北宋阎

① 宋·吴自牧《梦粱录》：如新人中意，即以金钗插于冠髻中，名曰"插钗"。若不如意，则送彩缎二匹，谓之"压惊"，则姻事不谐矣。

② 宋·金盈之《醉翁谈录》：又有宜男蝉，状如纸蛾，而稍加文饰。

① 王善才，陈恒树.湖北麻城北宋石室墓清理简报[J].考古,1965,(1).

② 宋·熊克《中兴小记》引朱胜非《闲居录》：绍圣间，宫掖造禁缬，有匠者姓孟，献新样，两大蝴蝶相对，缭以结带，曰"孟家蝉"，民间竞服之。

③ 宋·朱彧《萍洲可谈》：哲宗时，孟氏皇后，京师衣饰画作双蝉，目为孟家蝉，识者谓蝉有禅意，久之后竟废。

良佐夫妇墓中，即出土有金质的闹蛾一只。①

蛾、蝶成双成对，是晚唐五代以来兴起的花样，广泛运用于丝绸与金属器物装饰之中，至宋仍旧盛行不衰。现存如北宋书家蔡襄于皇祐三年（1051 年）在杭州所写、寄与友人的书信，即选用了一张联珠对蝶暗纹的罗文砑花笺。

因这一纹样流行，宋人甚至另行附会故事，为其另起雅号。

或是称其为"孟家蝉"，记称北宋哲宗绍圣年间（1094—1098年）宫廷中一孟姓工匠设计献上的夹缬纹样，因此得名。宫中"内样"流行开来，民间竞服之②；更有好事者将"孟家蝉"与北宋哲宗孟皇后"禅"（废黜后位）相联系，将其视作不吉征兆③。

或是取其成双成对的彩头，将其称作"斗高飞"。南宋初年所追记的靖康痛史中，一处动人细节即与它相关——宋高宗赵构还是康王时，曾为夫人邢氏打造一对"斗高飞"双飞小蝴蝶式样的耳环；靖康之难时，邢氏不幸为金军所掳。后来高宗南面称帝，

金闹蛾
湖北麻城北宋阎良佐夫妇墓出土

北宋皇祐三年（1051 年）蔡襄致
通理当世屯田尺牍局部
台北故宫博物院藏

辗转联络到身陷金国、不得团聚的妻子邢夫人。邢夫人唯将旧物表深情，取出一只耳环送还，遥寄"归还""成双"之愿。^①

时至南宋，这种饰物仍是女子饰匣衣箱中的爱物。文人也不吝笔墨来写它，如岳珂《宫词》："宫样新装锦缬鲜，都人争服孟家蝉。"姜夔《观灯口号》："游人总戴孟家蝉，争托星球万眼圆。"

❀ 首饰小识：花头簪钗

宋人诗词中写美人，往往是"以物见人"，即不去实写美人的面目，却以其妆束簪戴来传递神韵。一句"宝钗压髻东风溜"，足以形容黄昇的头上风光——她用以绾髻的三枚鎏金银钗，是南宋时代最为流行的"花头"式样，恰可以"与花枝、盈盈斗秀"。

当时钗的一般方式，是将实心的长条金材或银材对折，再在钗梁上镂雕装饰。纹饰简易者为"缠丝""竹节"，复杂者称"钑花"。浙江庆元会溪南宋开禧元年（1205年）胡纮夫妇墓^②中恰出土了这几式钗，为其妻吴氏所用。其中的钑花钗，钗梁打造繁缛纹饰，钗头另加花盖，因其贵重，钗脚又加刻"真赤金"铭，黄昇所用钗式与之类似。浙江湖州妙西渡善南宋嘉熙三年（1239年）墓^③也出土有一支钑花钗，于钗梁雕刻缠枝花纹。

进一步将钗头繁复化，则成为"花头钗"或"花筒钗"。这类花头多是在簪脚或钗脚之外另制，制法大致可分为两类：一类是以两片镂花的金片或银片分别卷作一头广一头狭的圆筒，作为钗的一双花头，其上又另接雕饰盛放花卉的小盖，如镇江市博

① 宋·曹勋《北狩见闻录》：又索于懿节皇后，得所戴金耳环子一只，上有双飞小胡蝶，俗名斗高飞，云是今上皇帝在藩邸时制，以为之验。宋·李心传《建炎以来系年要录·建炎元年四月》：邢夫人亦脱其御金环，使内侍持付勋曰："为吾白大王，愿如此环，早得相见，并见吾父，为道无恙。"

② 浙江省文物考古研究所，庆元县文物管理委员会.浙江庆元会溪南宋胡纮夫妇合葬墓发掘简报[J].文物，2015，(7).

③ 金媛媛.湖州妙西渡善宋墓[J].东方博物，2017，(2).

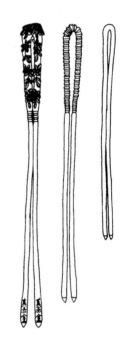

▲

素金钗、鎏金银竹节／缠丝钗、钑花钗

浙江庆元会溪南宋开禧元年（1205年）胡纮夫妇墓出土

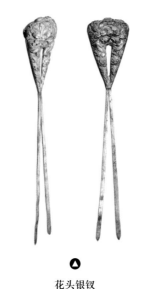

金钑花钗
浙江湖州妙西渡善南宋嘉熙
三年（1239 年）墓出土

花头金钗
江苏省镇江市博物馆藏

花头银钗
浙江德清武康银子山南宋窖藏
出土／浙江省博物馆《错彩镂
金：浙江出土金银器展》出陈

① 镇江博物馆．镇江出土金银器
[M]．北京：文物出版社，2012.

物馆收藏的一支金钗①。又有精工细巧者，不另制花
头的盖面，直接以两片打制好花草图样的金银片焊
合制成上端弧圆、下支小脚的一体，如浙江德清武
康银子山南宋窖藏出土"赵八郎"款鎏金银钗。

若干繁复花式也在此基础上衍伸发展。

或是在花头的数量上增益，使它不仅可以一枝
独放，也能枝连并蒂甚至多花齐开。如宋话本《宋
四公大闹禁魂张》中所记："一包金银钗子，也有
花头的，也有连二、连三的，也有素的。"推想其形态，
可举浙江永嘉南宋窖藏出土的首饰为例：一支鎏金
银簪，簪头花开并蒂，即"连二"；一支"施八郎"
款银簪，三双花头相并，底端汇合成一柄单独的簪脚，

即"连三"。若是将多枚花头连作弧形一排，形若拱桥，则名"桥梁"[①]，如江苏江阴宋墓出土的一支[②]，桥梁上并列花头三十三对。

或是花筒的制法工艺上更精巧细腻。如南京幕府山宋墓[③]出土的一支花筒簪，不另装钗脚，整体以金箔打制成六出瓜棱的锥形尖筒，每一面上又装饰镂空卷草花饰，簪头扣一朵金花，纹饰为瑞云托起的盘龙。同墓又出土一对金簪，簪头并装三枚镂空毬路纹的小球形花筒。

这种以薄薄金银片打制的花筒钗，更可加以雕镂精细透空的纹饰，重量反倒比实心的钗式更轻。元人乔吉有小令《水仙子·花筒儿》一首："玲珑高插楚云岑，轻巧全胜碧玉簪，红绵水暖春香沁。是惜花人一寸心，净瓶儿般手捻著沉吟。滴点点蔷薇露，袅丝丝杨柳金，是个画出来的观音。"既形容出其轻巧，又表现出其可借雕镂透空处填放香水、香花的特征。女子将花筒钗戴在头上，行走时便漾起细细香风。虽

① 此据扬之水先生考证。时代更晚的明永乐刊本《碎金》中《钗钏》一节提到"桥梁"一式。

② 江阴博物馆. 江阴文物精华[M]. 馆藏版. 北京：文物出版社，2009.

③ 南京市博物馆. 南京幕府山宋墓清理简报[J]. 文物，1982，(3). 按简报推测该墓为北宋墓，但该组首饰装饰意匠与目前北宋墓所出首饰迥异，更接近南宋乃至元时的流行式样。

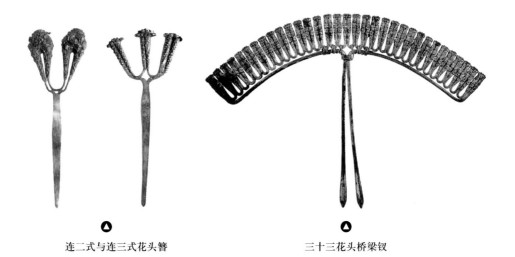

连二式与连三式花头簪

浙江永嘉南宋窖藏／浙江省博物馆《错彩镂金：浙江出土金银器展》出陈

三十三花头桥梁钗

江苏江阴宋墓出土

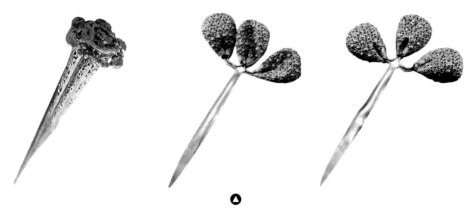

镂空式花筒金簪／江苏南京幕府山宋墓出土

"天远书沉，日长人瘦"，当日盛放的美人早已凋零，但这小小花头钗，仍寄得一点昔年的娇魂香魄在。

❀ 首饰小识：鬂云掩梳月

元杂剧《张孔目智勘魔合罗》中罗列货郎所售首饰："他有那关头的蜡钗子，压鬓的骨头梳。"所谓"关头"，意思是以钗将盘挽好的发髻"关上、锁住"而不致散开；"压鬓"，则是将梳插在了鬓发之上，既可稳固发缕，又起到装饰作用。南宋至元代时流行的插梳，式样颇小巧简洁。它们通常以角、木等材质雕刻而成，梳桥部分变得细细窄窄。稍大的梳可单件与簪钗配合，用以绾髻"关头"；小件则成双成对，多用以"压鬓"对称插戴。

梳背之上当然也可再另加他饰——或是所谓"全金梳子"，如江苏常州武进礼河宋墓出土的一把黄杨木梳，是在梳背包镶金片。又有所谓"珠梳"，如常州武进村前乡宋墓出土的黄杨木梳，梳背镶一圈细碎珍珠[①]。南宋绘画中常见鬓压珠梳的女子形象，

① 常州博物馆编. 漆木·金银器
[M]. 北京：文物出版社，2008.

如故宫博物院藏《蕉荫击球图》，贵妇人与身侧侍儿鬓上均压了四把珠梳。

梳如新月，衬在佳人云鬓之上，是宋人吟咏中常见的景致。范成大《好事近》一首尤有意境，写折下的梅枝簪在美人发上，可与鬓梳相衬：昨夜报春来，的皪岭梅开雪。携手玉人同赏，比看谁奇绝。阑干倚遍忆多情，怕角声呜咽。与折一枝斜戴，衬鬓云梳月。因这般的意象太过为人熟知，也不乏有人反其道而用之，正所谓"一梳凉月插空碧"（赵汝鐩《饮通幽园》），将夜空比作美人鬓发，月则成了插鬓的小梳。

金背木梳

江苏常州武进礼河宋墓出土／常州市博物馆藏

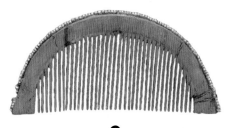

珠背木梳

江苏常州武进村前乡宋墓出土／常州市博物馆藏

南宋《蕉荫击球图》局部

故宫博物院藏

① "帘梳"一名据扬之水先生考证。见：扬之水. 中国古代金银首饰卷 2 [M]. 故宫出版社，2014.

金镂花梳背
江西安义县南宋淳祐九年
（1249年）李硕人墓出土

南宋后期以来，装饰华丽的雕镂包镶式梳也得到进一步发展。元杂剧《荆楚臣重对玉梳记》中即以一枚玉梳的分合作为故事主要线索："下官当初与玉香别时，分开玉梳为记。今日令银匠用金镶就，依旧完好。"这道梳桥上包镶的金银饰，也可据其装饰手法不同分为两类：一类仍延续北宋制式，在与梳齿相接的宽面上雕镂花纹；另一类则在南宋流行式样的基础上用心，尤其注意梳背拱起窄梁上装饰。后者如江西安义县南宋淳祐九年（1249年）李硕人墓出土的一对金镂花梳背，连绵两道叶纹间托起一道与梳体厚度一致的毬路纹，包镶木质梳体时可贴合无间。

此外，当时尚有一式称为"帘梳""珠帘梳"①的，是在梳背另挂珠花串成的花网，如帘垂下。上海博物馆藏南宋绘画《歌乐图》中女伎，鬓上便饰有四弯垂挂白珠的帘梳。但大约因珍珠质不易留存，目前出土文物中仅德安周氏墓见有珠帘梳实物，是用细金丝网穿起细珠作为冠前压鬓木梳的垂帘。还有不少帘梳为金质，如江西新余出土的一把，薄薄的金片打造梳背，下挂起细碎小金花串成的梳帘。

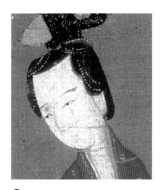

南宋《歌乐图》局部
上海博物馆藏

金花帘梳
江西新余出土

髻稳冠宜翡翠。压鬟彩丝金蕊。

远山碧浅蘸秋水。香暖榴裙衬地。

亭亭二八馀年纪。恼春意。

玉云凝重步尘细。独立花荫宝砌。

——赵清中《秋蕊香》

官员发妻周氏

　　1988 年 9 月，江西德安桃源山上一座南宋墓葬偶然在建筑工地显露出来。墓中随葬的大量衣衫首饰、用度什物都保存完好。出土的一合墓志上记载了墓主生平：墓主为南宋末年有"安人"封号的周氏，她的丈夫为新太平州通判（从七品官员）吴畴。这位官宦之家的贵夫人，十七岁出嫁，却年仅三十五岁便早亡，只因死于丈夫升官之际，才有了朝廷封叙命妇封号的哀荣。

　　当地吴氏一族恰有宗谱传世，与墓志对照来看，记载却有差异：吴畴原配夫人名为冯乙娘，周氏为续娶。但宗谱中记载周氏生育子嗣后，冯氏仍有生育，参照当时士大夫家庭严妻妾、分嫡庶的规矩来推算，若果真如此，周氏一开始可能只是妾室。

　　然而，周氏出身家门清显，其父周应合在南宋理宗淳祐年间高中进士。南宋宝祐五年（1257 年），周氏作为周家长女，是在父亲官运亨通之时嫁作人妇。当时落魄士大夫之女嫁为人妾尚且引人评议怜悯，周氏这样的名门闺秀更不可能作妾，南宋法律也不允许扶妾为妻。墓志是由吴畴亲笔撰写，已明确称周氏为妻，"安人"这样的朝廷命妇封号原则上也只封官员嫡妻。

考古发掘所见文字材料与传世记载不仅不能互证，反而相违背，联系当时具体的历史背景，或许才能找到合理的解释——周氏的确是吴畴在原配夫人去世后明媒正娶的继室夫人。南宋末的咸淳年间（1265—1274年），奸臣贾似道把持朝政、贪惏误国，在朝廷任官的周氏之父上书弹劾，却遭贬斥。他的女婿吴畴也受此牵连，被贬往江州担任一个末流小官。周氏忧惧再有祸患累及子嗣，才将亲子名义上过继给了夫君早已离世的原配夫人冯氏。咸淳十年（1274年），等到贾似道一度失势，吴畴被朝廷平反起复之时，周氏却因随夫奔波多年，积劳成疾，撒手人寰……

形象复原依据

周氏发式与各式首饰保存组合完整，未经扰乱。

鬓上插一对描金朱漆木梳、一对描金灰漆木梳，头后压一把黑漆木梳（图中未绘制）。头顶梳髻，以丝罗嵌金丝的小冠罩住发髻，小冠两侧开敞，插有八枚簪钗（三支连二式鎏金银竹节钗、一支鎏金银缠丝钗、一支鎏金银小花钿簪、一支鎏金银四连小花钿耳挖簪、一支鎏金银花瓶簪，又有一支鎏金银竹节钗下方悬垂一个珍珠结成网罩的罗质小囊）。冠前压一把珍珠帘梳，上戴三朵金丝装饰的绢花，花下各衬以五片花叶组成的绿色绢质叶片，似仿月季花形态制成。此外，周氏额上贴有一片水滴形琉璃花钿。

金丝围髻

金丝罗冠／绢花

珠囊钗符附鎏金银钗

鎏金银小花钿簪／缠丝钗／四连小花钿耳挖簪

鎏金银连二式竹节钗

鎏金银花瓶簪

黑漆压髻木梳

描金朱漆木篦梳／描金灰漆木篦梳

❀ 首饰小识：小符斜挂绿云鬟

周氏冠侧插有一枚小小竹节纹金钗，下挂一罗制小囊，小囊外还有珍珠编连而成的网罩。这便是宋代端午节时流行的"钗头符"。

所谓"符"，来自道教的"符箓"，是以朱砂绘制驱邪除灾符号图形的小片黄纸或绢帛。端午节时，无论贵贱男女，都要以五色彩丝或彩帛制成的小囊盛装符箓，随身佩戴以辟邪。北宋时如王珪所作《端午内中帖子词·皇后阁》："君王未带赤灵符，亲结双龙献宝珠。更与宫娥花下看，工夫还似外边无。"可知在端午时节的北宋宫廷中，皇后也要为皇帝备好供端午佩用的符囊。南宋吴自牧《梦粱录》中罗列宫廷中端午赐下的诸般物件中，也有"五色珠儿结成经筒符袋"。

而女子将盛符的小囊悬挂在钗头，即是"钗符"。南宋遗民陈元靓所著《岁时广记》引《岁时杂记》称："端午剪彩缯作小符儿，争逞精巧，掺于环髻之上，都城亦多扑卖，名钗头符。"南宋人崔敦于淳熙七年（1180 年）端午呈与皇后的贺诗中亦有"玉燕垂符小，珠囊结艾青"（《淳熙七年

玉钗符
浙江临安吴越国康陵出土

端午帖子词·皇后阁》），"玉燕"即玉钗的美称，是以玉钗垂下了辟邪的珠囊符袋。

浙江临安吴越国康陵（二世王钱元瓘元妃马氏之墓）出有一枚玉饰[①]，时期早至五代。玉饰两面分别以莲台托起、花叶环绕出"千秋万岁"和"富贵团圆"字样，原当系于钗头，是以玉材雕刻吉语来模拟钗符的形式。时至北宋，苏轼也有《浣溪沙》一首，将端午时节头挂钗符的美人形容得极传神：

轻汗微微透碧纨，明朝端午浴芳兰。
流香涨腻满晴川。
彩线轻缠红玉臂，小符斜挂绿云鬟。
佳人相见一千年。

如今再与周氏所戴的钗符对照，情景了然。

❀ 首饰小识：花瓶簪

宋人爱花，甚至可以说爱花如狂。当时女子的衣饰，也总是与各样时令花卉相关。

冬春之际，头上可簪腊梅："寿阳妆样。纤手拈来簪髻上。恍若还家。暂睹真花压百花。"（洪皓《减字木兰花》）赏花、簪花之时，衣色更要与花色相配。初春梅花开时，杭州世家公子张鉴携家妓赏梅，诸妓皆以"柳黄"为衣色。冷艳梅花与嫩黄柳色，将佳人衬得风流韵致。[②]春气渐暖，在贵人家的牡丹会上，头簪牡丹花、奏歌助兴的美人们，也各有与花色相称的衣衫。簪红花者穿白衣，白花穿紫衣，紫花着黄衣，黄花着红衣。[③]

① 杭州市文物考古研究所，临安市文物馆编著．五代吴越国康陵[M]．北京：文物出版社，2014.

② 宋·姜夔《莺声绕红楼》词小序：甲寅春，平甫（张鉴）与予自越来吴，携家妓观梅于孤山之西村，命国工吹笛，妓皆以柳黄为衣。

③ 宋·周密《齐东野语》记张功甫牡丹会：别有名姬十辈皆衣白，凡首饰衣领皆牡丹，首带照殿红一枝，执板奏歌侑觞，歌罢乐作乃退。……别十姬，易服与花而出。大抵簪白花则衣紫，紫花则衣鹅黄，黄花则衣红，如是十杯，衣与花凡十易。所讴者皆前辈牡丹名词。

① 喻燕姣. 湖南出土金银器[M].
长沙：湖南美术出版社，2009.

琉璃花瓶簪
山东淄博陶瓷琉璃博物馆藏

到了初夏，又有石榴花："折来一点如猩血。透明冠子轻盈帖。芳心蹙破情忧切。不管花残，犹自拣双叶。"（程垓《醉落魄》）盛夏则是茉莉花："层层细剪冰花小。新随荔子云帆到。一露一番开。玉人催卖栽。爱花心未已。摘放冠儿里。轻浸水晶凉。一窝云影香。"（张镃《菩萨蛮》）

入秋，又可簪菊，"吟鬓底，伴寒香一朵，并簪黄菊。"（张翥《声声慢》）秋叶亦可在头上装饰，"簟纹衫色娇黄浅，钗头秋叶玲珑剪。"（张先《菩萨蛮》）佳人头上四时皆有花影参差，暗香浮动，成为风雅生活里生动的细节。

时令鲜花虽为人爱赏，然而"一枝不忍簪风帽，归插净瓶花转好"（李光《渔家傲》），若直接簪戴在头上，花易因缺水而枯萎，倒不如插瓶来得长久。于是宋人又设计出"花瓶簪"，密封的簪脚内部空心，簪头打作上开小孔的花瓶式样。花枝插在其中，恰好堵住瓶口不致漏水。整个簪子于是成为可储水的移动式小花瓶，让得到滋养的鲜花在发间盛放更久，又避免了花枝钩挂已梳理得整齐的发髻的情形。周氏头上一支金花瓶簪，应即为簪花而设。湖南沅陵元代黄氏夫妇墓出土有一支同式的花瓶簪①。花瓶簪也可用晶莹半透的琉璃制出，如山东淄博陶瓷琉璃博物馆所藏一例，花枝斜插瓶中，日光耀在琉璃上，又有虚虚实实的水光映出，更显雅致可爱。

金花瓶簪
湖南沅陵黄氏夫妇墓出土

❀ 首饰小识：假花与花钿

仿鲜花制作的假花也在宋朝大为流行，苏轼在《四花相似说》中提到"荼蘼花似通草花，桃花似蜡花，海棠花似绢花，罂粟花似纸花"；《冷斋夜话》也记苏轼曾说："无物不可比类，如蜡花似石榴花，纸花似罂粟花，通草花似梨花，罗绢花似海棠花。"可知北宋时已经有了根据真花质感用蜡、纸、通草、罗绢等材质仿制象生花的做法。因这类材质不易保存，考古发掘中难以见到。宁夏贺兰拜寺口双塔出土西夏时代的两枝绢花，原是佛前插瓶的供花，大约可以与北宋时绢花参看。而周氏头上的三朵绢花，更是难得的南宋实例。

▲
西夏绢花
宁夏贺兰拜寺口双塔出土／宁夏博物馆藏

① 江阴博物馆. 江阴文物精华[M]. 北京：文物出版社，2009.

金银簪钗自然也有打造成仿生花形的式样。如江苏江阴山观南宋窖藏出土的金花簪[①]，簪首为三朵、七朵金花并立；又如浙江永嘉南宋窖藏出土的银簪，一排小花钿附在连珠纹边框架起的桥梁之上。

往前逆推这类桥梁钗的设计意匠，可能本就是效仿自绕发髻成排簪戴的鲜花——直到近世，南省仍不乏女性在发髻侧成排簪栀子、簪茉莉的实例。

▲

三头、七头金花簪

江苏江阴山观南宋窖藏出土／江阴市博物馆藏

▲

戴冠簪花的南宋女性

日本高山寺藏《华严缘起》绘卷局部

▲

桥梁式银花簪

浙江永嘉南宋窖藏出土／永嘉市博物馆藏

暗淡轻黄体性柔，情疏迹远只香留。

何须浅碧深红色，自是花中第一流。

梅定妒，菊应羞，画阑开处冠中秋。

骚人可煞无情思，何事当年不见收。

——李清照《鹧鸪天》

唯一的杨君樾

唯一的杨君樇

1974 年 11 月，在浙江衢州偶然发现一座南宋墓。因该墓未经科学考古发掘，一些随葬物品可能已毁坏散失，仅由当地文管会收得部分文物。幸而其中尚有两方墓志，据墓志文字可知，这是南宋著名学者"学斋先生"史绳祖与其妻杨氏二人的合葬墓。[①]

其中史绳祖亲笔为妻子杨氏题写的墓志文，讲述了一个出色的南宋女子生前的若干事迹。杨氏名叫"允荫"，小字"福娘"，而史绳祖始终取妻子的字"君樇"，亲切地称她为"君"，因此本文也以杨君樇来称呼她。

大多数宋代女性的墓志只记载她是谁的女儿、谁的妻子、谁的母亲，即便提及女性自己，其故事也常常囿于内宅，讲她如何侍奉公婆、照应丈夫、诞育子嗣……这或许是因在当时的社会规范与主流叙事里，女性仿佛总是依附于丈夫，没有自己独立的社会身份。同样，在家庭内部的叙事中，丈夫这一角色也被有意回避，时常缺位。

但通过杨君樇墓志的记载可以发现，在南宋末的

① 崔成实. 浙江衢州市南宋墓出土器物 [J]. 考古, 1983, (1).

流离之世里，她与夫君史绳祖互相尊重扶持、携手共度——夫妇二人都是再婚，战乱里史绳祖丧妻、杨君樾守寡，二人相识重组家庭后，终生恩爱深笃。墓志中除了写杨君樾如何拥有贤惠持家的美德之外，更是隐隐透露出，这是一位在外也有勇有谋、气度宽广的女性。

淳祐初年（约1241年前后），史绳祖在蜀地任官，不幸宋军在此遭遇蒙古军入侵，主帅逃跑，留下他在江上处置兵船物资。眼看将要陷入敌军包围，宋军大多急于逃命，杨君樾却以言语鼓励夫君道："四面皆贼，与其上岸送死，不如奋战而死！"她甚至亲身跟随史绳祖控船与敌搏斗。最终宋军冲破敌阵，战后论功行赏，原先落跑的主帅又冒领了功劳。有人为史绳祖叫屈，杨君樾却依旧豁达地说道："保全性命，不辱使命，足够了！"此后，她又几度劝丈夫捐资助民。一次四川嘉定府陷入敌军包围，史绳祖尚在城中，杨君樾因故失散在城外，却依旧气定神闲，入山坚守，毫不退却。她有信心等候在战后与夫君相聚，甚至向旁人说道："吾家已矣，吾何用独生？"

史绳祖对妻子一生爱敬，两人共同度过了三十二年时光。咸淳七年（1271年），杨君樾去世，史绳祖临墓恸哭，沉思往事历历在目，由他一一书写于墓志之中。

形象复原依据

史绳祖、杨君樾夫妇墓出土的首饰构件均完整，其中有金如意簪一支、素面金簪一支、琉璃簪一支、琉璃叠胜耳环一对、水滴形琉璃面花一对。推测原本均为杨君樾头上佩戴，但因不知出土时首饰的具体位置，绘图时均另行组合设计。

金耳挖簪／琉璃簪

素面金簪

琉璃面花

琉璃二胜环

① 许夕华. 法相光明[M]. 北京: 中国书店, 2015.

❀ 首饰小识：二胜环

两宋时的女郎们常在春日里将彩纸、彩帛或金银箔剪镂而成的方形"胜子"悬挂在钗头，取意吉祥。北宋贺铸《临江仙》："巧剪合欢罗胜子，钗头春意翩翩。艳歌浅拜笑嫣然。"南宋丘崇《浣溪沙》："胜子幡儿袅鬓云。钗头绝唱旧曾闻。江城喜见又班春。"都是当时情形的词笔描绘。

这样的风俗起源很早，古人常将胜与另一种春日流行的饰物"幡"并举。春幡造型如同店铺门前长竿挑起竖直垂下的幡旗，其上有字。南朝梁的宗懔《荆楚岁时记》记正月人日风俗，有"剪彩为人或镂金箔为人，以贴屏风，亦戴之头鬓。又造华胜以相遗"。北宋时如高承《事物纪原》所记：立春之日，"今世或剪彩错缯为幡胜，虽朝廷之制，亦缕金银或缯绢为之，戴于首，亦因此相承设之。或于岁旦刻青缯为小幡样，重累凡十余，相连缀以簪之"。

因幡胜寓意吉祥，宋人常将其用以供奉佛法，佛塔地宫中也往往幡、胜同出。如河北定州静志寺北宋地宫出土一枚鎏金小银幡，是在水晶花片下提起一片缠绕繁复的镂空花结，正中錾"宜春大吉"四字；同出的鎏金银胜，则是一方镂刻鱼鳞地与瑞兽、瑞禽的银箔。江苏宜兴法藏寺北宋地宫也出土幡、胜多枚①，其中以题有供养人"符向二娘"文字的一对为典型。幡是以如意云头带起镂刻卷草的长脚，中央牌记"宜春耐夏"四字，背面墨书"符向二娘捨銀番聖一首，乞保扶家眷平善"（"番聖"即幡胜）。又一枚银胜，由三连方胜组成，中央同为"宜春耐夏"字样，背面墨书"符向二娘捨"。

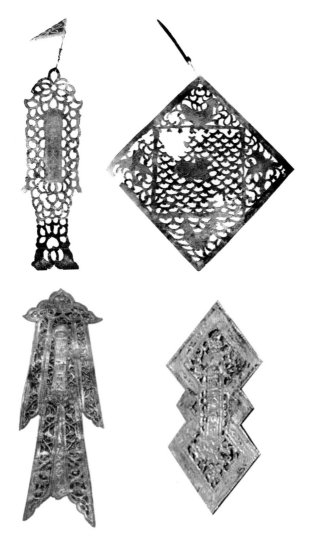

若是两块方胜相叠，则成为"双叠胜"，这是两宋时代常见的装饰图样。辽宁阜新红帽子辽塔地宫中出土一对琥珀盒，自带有铭"叠胜"，正是当时的标准式样。北宋男子尤其是武将，更喜用叠胜形的巾环来束系头巾，取的是谐音"得胜"的吉祥意头，如苏轼《谢陈季常惠一揞巾》："好戴黄金双得胜，休教白苎一生酸。"[①]南宋沿用这般风习不改，时人称作"二胜环"，谐音"二胜（圣）环（还）"，

① 赵夔注《谢陈季常惠一揞巾》："黄金得胜乃战阵得捷之人所戴也。"

叠胜琥珀盒
辽宁阜新红帽子辽塔地宫出土／
辽宁省博物馆藏

① 南宋·岳柯《桯史》卷七：中席，优长诵致语，退，有参军前，褒桧功德。一伶以荷叶交椅从之，恢语杂至，宾欢既洽，参军方拱揖谢，将就椅，忽堕其幞头，乃总发为髻，如行伍之巾，后有大巾环，为双叠胜。伶指而问曰："此何环？"曰："二胜环。"遽以朴击其首曰："尔但坐太师交椅，请取银绢例物，此环掉脑后可也！"一坐失色，桧怒，明日下伶于狱，有死者。

② 南宋·张端义《贵耳集》卷下：绍兴初，杨存中在建康，诸军之旗中有双胜交环，谓之二胜环，取两宫北还之意，因得美玉，琢成帽环进御庙，曰尚御完。偶有一伶者在旁，高宗指示之："此环杨太尉进来，名二胜环。"伶人接奏云："可惜二圣环，且放在脑后。"高宗亦为之改色。所谓工执艺事以谏。

寓意盼望"靖康之难"后被金人掳走的徽、钦二圣自北南还。

岳飞之孙岳柯曾记载道，在奸臣秦桧举办的一次宴会上，台上正演着滑稽戏剧，台下一官员忙着向秦桧阿谀奉承。秦桧赐座与他，官员受宠若惊，坐下时不慎掉落头巾，露出头后佩戴的"二胜环"。台上伶人借此讥讽："你光顾着坐太师交椅，却把'二胜还'抛到了脑后！"台下哗然失色。① 又有一则宋人传闻，更以此事直斥秦桧背后的宋高宗。②

在上的天子、朝臣都将"二圣还"抛在脑后的时候，诸女郎们却仍旧将它记挂耳畔。杨君樾所戴的琉璃耳饰，恰便是一对叠胜。这大概也是因为它还有"同心"的吉祥寓意。

女子也常将题写诗词的纸笺叠作同心方胜的形状。如宋话本《张生彩鸾灯传》中写"那女子回身，自袖中遗下一个同心方胜儿。……折开一看，乃是一幅花笺纸。"元杂剧《崔莺莺待月西厢记》中一曲《后庭花》唱："把花笺锦字，叠做个同心方胜儿。"

✤ 首饰小识：耳挖簪与笊头铍（pī）

杨君樾所用的金簪，除一长一短两件素面无装饰的之外，又有一支装饰华丽的，簪身錾出细点串连而成的卷草纹，簪头另以金片制出镂空点金粟的卷草纹金套扣合，顶端弯出如耳挖般的小小翘头。它大概是从实用的耳挖演变而来，但随着簪体装饰变得复杂化，簪子体量逐渐变大，装饰意义已逐渐压过了实用意义，这里暂将它称作"耳挖簪"。[1]

耳挖簪略加膨大的簪头上，还可另行焊接各种金银打制的立体瓜果小花钿，如前文周氏墓中出土的一例。浙江永嘉南宋窖藏也出土有多例装饰立体花钿的耳挖簪。

更华丽的式样之一，是将簪头继续膨大，有的甚至将簪头的耳挖也一并省却，只留下形如梭子般下连长簪脚的主体。如南京幕府山宋墓出土的一件金簪[2]，梭形簪头打出麒麟翔凤的立体纹饰。

另一式，则是在簪头将耳挖夸张化，既可增饰花纹，又能用以勾挂悬垂的流苏挂饰。这类夸张化的大簪，形如笊（zhào）篱（一种以竹篾、柳条等编制的漏勺），因此当时俗称为"笊头铍"（铍原意指一种较宽较薄的箭镞，与这类簪形态类似）。

① 扬之水先生据明本字书《碎金》考证其或名为"如意"，见扬之水．中国古代金银首饰[M]．北京：紫禁城出版社，2014．

② 南京市博物馆．南京幕府山宋墓清理简报[J]．文物，1982，(3)．

▲
金簪
江苏南京幕府山宋墓出土

▲
"赵八郎"款鎏金银簪与挂饰
浙江德清武康银子山南宋窖藏出土／浙江省博物馆《中兴纪胜：南宋风物观止》出陈

① 元·佚名《宋季三朝政要》卷四：（咸淳五年）都人以碾（假）玉为首饰。宫中簪琉璃花，都下人争效之。时有诗云："京城禁珠翠，天下尽琉璃。"识者以为流离之兆。

② 宋·俞德邻《佩韦斋集》卷一九《辑闻》：咸淳末，贾似道以太傅、平章军国重事，禁天下妇人不得以珠翠为饰。时行在悉以琉璃代之，妇人行步皆琅然有声。民谣曰："满头多带假，无处不琉璃。"假谓贾，琉璃谓流离也。元·佚名《东南纪闻》卷一：贾似道当国，京师亦有童谣云："满头青，都是假。这回来，不作耍。"盖时京妆竞尚假玉，以假为贾，喻似道之专权，而丙子之事，非复庚申之役矣。

实物如浙江德清武康银子山南宋窖藏中的"赵八郎"款鎏金银簪，与之同出的还有两件银鎏金挂饰，小钩连起以银片分别打制的龟游叠胜小花片穿作流苏，下端衔起一双心字。

❀ 首饰小识：流离世界琉璃饰

　　南宋末年，朝廷一度禁止女子佩戴珠玉翡翠制作的奢侈首饰，宫中女子只得转而寻找在禁令之外但效果接近的替代品。她们开始以琉璃来制作头上的花饰。琉璃即是当时人对玻璃的称呼，因其质感如玉般晶莹温润，在当时又被称作"药玉""假玉"。山东淄博陶瓷琉璃博物馆收藏的一件青莲花琉璃簪可与这时的流行对看——以翠色琉璃为簪身，白琉璃做簪头花蕊，又另附六瓣薄薄的琉璃花瓣，组成一朵晶莹剔透的六瓣莲花。

　　琉璃首饰的制作成本较碾玉、点翠更低，颜色也可仿制出玉的青白色或翠羽的蓝色，因此在都城临安迅速流行起来。①原先以金银制作的各式簪钗首饰，也都出现了琉璃材质的"平替"。因当时南宋朝廷由奸臣贾似道把持朝政，人们便根据琉璃的谐音"流离""假"的谐音"贾"，编了民谣来讽刺他："满头青，都是假""满头多带假，无处不琉璃"。②

　　虽有这样一层不祥的寓意在，琉璃首饰依旧在天下爱美的女子头上风靡着。

▼

青莲花琉璃簪
山东淄博陶瓷琉璃博物馆藏

纱衣罗扇一时裁，两两三三作伴来。

正是吴中好风景，范家园里杏花开。

单罗小扇夹纱衣，冠子梳头插翠薇。

知是范家园里醉，无人不戴杏花归。

——杨基《舟泊南湖有怀》

叛臣续弦陈氏

叛臣续弦陈氏

1956 年 4 月，安徽省棋盘山发现一座元墓。由墓志可知，墓主即为宋元之际的"常败将军"范文虎及其夫人陈氏。墓中出土的金银玉器无不精好，仍具南宋的秀巧风格；陈氏夫人的首饰，也依然是宋时贵家女子习用的式样。

范文虎原为南宋殿前副都指挥使知安庆府，无能无德却在奸臣庇护下一路高升；投降元朝之后，他仍是唯一进入元朝廷中枢、官职最高的"南人"（元代对南宋人的称呼）。据史书记载，范文虎原是南宋将领吕文德之婿；可知其妻陈氏并非范文虎原配夫人，而是他降元之后另娶。

形象复原依据

陈氏的首饰包括金冠一顶、银簪一枚、耳饰一对。因墓葬发掘年代较早，头上金冠的相对位置不明，这里参考宋元间画像进行推测。耳饰参照南宋时流行的"落索"式样，补充设计了耳坠。

如意嵌珠金冠

火焰纹嵌珠耳环

❀ 首饰小识：镂金如意冠

两宋女子都喜戴冠，然而北宋时流行的各样高冠、宽冠式样，到了南宋都变得过时，逐渐消失。南宋文人周煇追忆南宋初年所见到的妇人装束，提到那时还有女子在盛大礼仪场合佩戴北宋式样的"高冠长梳"，但若将这类夸张首饰放在数十年后，就足以让南宋人感到陌生新奇了。[①]

南宋女子日常戴用的头冠基本都维持着精致小巧的造型。这类小冠使用时，不像北宋式头冠那般用圆头簪从前向后贯穿以便同发髻固定，而是将发簪横贯在发冠左右两侧留空的位置。宋画《瑶台步月图》中，将当时女性戴冠的正背面均展示得非常清晰。

参照南宋刊刻的字书《重编详备碎金》可知，南宋女子头冠的命名，或依照其形态，或依照其材质，有凉冠、鱿冠、冒纱、平顶、如意、起花、凤冠等名目。陈氏所用的金冠，形制宽扁如蚌，用作冠体的前后两片金片制出如意卷云的式样，大约正是一顶《碎金》中记载的"如意冠"。这一式样早见于南宋初年蔡伸词作，"碾花如意鱿冠轻"（《浣溪沙》）、"镂尘如意冠儿"（《西江月》）。与

① 南宋·周煇《清波杂志》：煇自孩提见妇女装束，数岁即一变，况乎数十百年前，样制自应不同。如高冠长梳，犹及见之，当时名大梳裹，非盛礼不用。若施于今日，未必不夸为新奇。大抵前辈置器物、盖屋宇皆务高大，后渐从狭小，首饰亦然。

🔻

银缠钏

🔻

南宋·陈清波《瑶台步月图》
故宫博物院藏

其类似的还有江苏常州春江镇南宋墓出土的一顶素面银冠，构成冠面的前后两片作如意云形，冠下端左右横贯一枚长银簪。同类轮廓但制作更为细巧的银冠又有江苏溧阳沙河宋代木椁墓出土的一件，冠体上镂有纤巧的花枝；据同墓所出《宋故安人周氏圹志》可知，墓主周德清生于南宋宁宗庆元六年（1200年），卒于度宗咸淳七年（1271年）。

元代南方女性依旧继承着南宋的戴冠风气，区别于北方多风沙地区以包髻裹头，因此元曲《中吕·喜春来》唱道，"冠儿褙子多风韵，包髻团衫也不村，画堂歌管两般春"，前者为南都粉黛，后者为北国胭脂，头上首饰也大不相同。地处南方的湖南华容元墓、江苏无锡元代钱裕夫妇墓中，都出土了各式新巧的头冠。

安徽黄山元代元统二年（1334年）苏子华夫妇墓出土两块画像石，一方铭文"初登第"，一方铭文"元统二年得意回"，都是写墓主的生前荣华。望楼上无论是望子荣归的老年妇人，还是"珠帘张看"的众青年妇人，都头戴螺壳形大冠，式样与钱裕夫妇墓所出实物类似。

▲
如意银冠
江苏常州春江镇南宋墓出土

▲
镂花如意银冠
江苏溧阳沙河宋代木椁墓出土

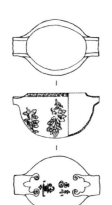

◀
錾花如意银冠
湖南华容元墓出土

◀
银发冠
江苏无锡元代钱裕夫妇墓出土

◀
戴冠女性形象
安徽黄山元代元统二年（1334
年）苏子华夫妇墓出土画像石
局部

此外，陈氏金如意冠上錾刻的龙牙蕙草纹饰间还有若干凹孔——这应当是为镶嵌大颗珍珠所置，只是因年深岁久，珍珠朽坏不存。若将珍珠补足，这顶金冠甚至可能是在宋时极为贵重的"北珠冠"。北珠是产自北方女真地区的淡水珍珠，本就稀少珍贵，由北方贩运至南宋后更是要价高昂。南宋宁宗庆元四年（1198年）的一则丑闻，涉及到北珠冠：宰相韩侂（tuō）胄有四爱妾，均封郡夫人，另有十侍妾，也各有封号。有人献上四顶北珠冠，韩侂胄分与四夫人；十名侍妾未得此宝，未免怏怏。一赵姓官员听闻，为了巴结求官，斥巨资买来北珠制成珠冠奉上。十名侍妾大喜，次日恰逢灯会，皆顶珠冠招摇过市，出尽风头，此后对韩侂胄道："赵大卿的北珠冠让我们风光十倍，你何必吝惜一个官位？"于是韩侂胄提拔赵姓官员为工部侍郎。（宋人《庆元党禁》）

站在宋人的立场，未免会视这类金、珠所制的珍异冠饰为荒唐之物。如此到了元代，它戴在叛臣降将的家眷头上，又有了一个国破家亡、宋朝被称为"蛮子国"、百姓被称作"南人"的黯淡背景；但其精巧工艺背后所代表着的，到底还是繁荣兴盛的南宋物质文明，仍可算作历史中的一点耀眼光亮。

⊛ 首饰小识：两耳炫耀垂珠珰

南宋以来，女子耳饰的式样极多。只是宋人大约以其为寻常，未见详尽的记载描述文字流传下来。唯有当时一部字书《碎金》，在稍后经过元明时代几度增补，在明永乐年间刊本中，"首饰"一项下多出了

叠胜 菩提 橙梅 天茄 七星 棱镮
牌镮 秋辉 葡琵琶圈珠茄芦三
妆 五妆镶

明永乐本《碎金》中的耳饰名称

诸般耳饰名目，基本都能够在宋元时代文物中寻到对应参照。各样耳饰的命名，大多是根据耳坠的具体形态，耳坠后面供簪戴的弯脚可作短脚，又可作弯折如北斗的长脚，后者大约可以雅称为"七星"。

延续自辽与北宋、最基础的耳环式样名为"梭环"，是就其耳坠部位两头收缩、中间宽大如梭子一般的形态而言。

南宋时的流行，是在梭环上打制各样花果纹饰，如浙江建德大洋镇下王村宋墓[①]出土的一对，挂钩下以金片打制成突起的菊花形，再折成梭形的耳坠。

耳坠下还可垂挂珠珞或小金花，称"落索"（也写作"络索"）或"落索环儿"，如宋话本《简帖和尚》中所记："皇甫殿直劈手夺了纸包儿，打开看，里面一对落索环儿，一双短金钗，一个简帖儿。"如江苏镇江何家门出土的一对金瓜果纹梭环[②]，下端还特意制出小钩，显然是为钩挂落索之用。又有湖北蕲春罗州城遗址南宋窖藏中出土的一对耳环，上端是一只勾勒精巧的小凤，凤口下衔一挂金瓜果小坠[③]。元人熊进德《西湖竹枝词》有"金丝络索双凤头"句，恰与这对耳饰相合。不仅民间时兴此类，甚至礼服盛饰的宋元皇后们，耳环下也往往挂下一排或三排珍珠络索，后世称之为"珠排环"。

梭环的环体继续夸张化，则成为"琵琶"环，是指其形态上端收窄，下端逐渐膨胀，正如琵琶音箱的轮廓。这类式样从北宋延续到元代，早如河南登封唐庄北宋墓壁画[④]，后如甘肃漳县元代汪世显家族墓木板画[⑤]上，均绘有耳挂琵琶环的女性。陈氏所戴的滴珠火焰形耳坠，也是衍生自琵琶环的华丽式样，火焰纹勾出琵琶形轮廓，中央留出底托，用以镶嵌大颗珍珠。

① 北京大学中国考古学研究中心，杭州市文物考古所．浙江省建德市大洋镇下王村宋墓发掘简报 [J]．考古与文物，2008，（4）．

② 镇江博物馆编．镇江出土金银器 [M]．北京：文物出版社，2012．

③ 扬之水．双鬓风蛾莲花：蕲春罗州城遗址南宋金器窖藏观摩记 [J]．南方文物，2015，（2）．

④ 郑州市文物考古研究院，登封市文物局．河南登封唐庄宋代壁画墓发掘简报 [J]．文物，2012，（9）．

⑤ 俄军．汪世显家族墓出土文物研究 [M]．兰州：甘肃人民美术出版社，2017．

▲
金菊花纹梭环
浙江建德大洋镇下王村宋墓出土

▲
金瓜果纹落索式梭环
江苏镇江何家门出土

▲
金丝凤头络索环
湖北蕲春罗州城遗址南宋窖藏出土

▲
戴琵琶环的女性
河南登封唐庄北宋墓壁画局部

▲
戴琵琶环的女性
甘肃漳县元代汪世显家族墓木板画局部

琵琶环还可进一步"圈珠"装饰，即围绕水滴形环身打造一圈圆形金属底托，用以嵌珍珠宝石。如湖北黄陂周家田元墓[①]出土的一对耳饰，嵌翡翠的琵琶环以十二个圆形小金托环绕，又以细金丝、小金珠编连作边缘装饰。

此外，《碎金》一书中举出，南方地区又有寓意祥瑞同心的"叠胜"、象生花形的"橙梅"、形如花托下坠茄形果实的"天茄"。浙江三天门南宋墓中恰好出有这三种耳饰。根据墓中出土残金片上"相宅"等字样，考古发掘者推测墓主正是与南宋宰相韩侂胄有关的女性。[②]

① 武汉市博物馆. 黄陂县周家田元墓[J]. 文物，1989，(5).

② 湖州市博物馆. 浙江湖州三天门宋墓[J]. 东南文化，2000，(9).

金丝圈珠嵌翡翠琵琶环
湖北黄陂周家田元墓出土

金丝点珠天茄耳环

金橙梅耳环

金叠胜耳环

金丝嵌水晶天茄耳环

南方流行的各式耳环／浙江湖州三天门宋墓出土

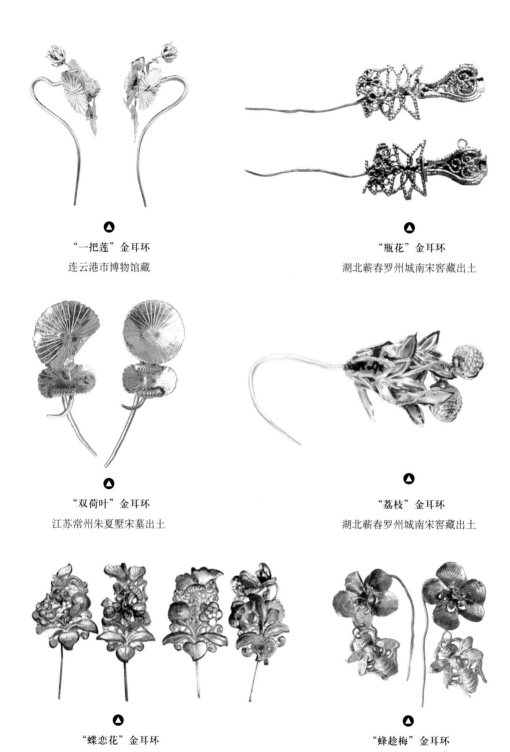

"一把莲"金耳环

连云港市博物馆藏

"瓶花"金耳环

湖北蕲春罗州城南宋窖藏出土

"双荷叶"金耳环

江苏常州朱夏墅宋墓出土

"荔枝"金耳环

湖北蕲春罗州城南宋窖藏出土

"蝶恋花"金耳环

浙江临安杨岭金岫村宋元窖藏出土

"蜂趁梅"金耳环

湖北蕲春罗州城南宋窖藏出土

绣帘压地花阴阴，凤钗绾髻双黄金。

飞丝千尺不堕地，绝似江南游子心。

宝奁百刻烟如缕，暗掷金钱卜神女。

樱桃子熟人未归，薤葱花开泪如雨。

——郑洪《题张士厚四时仕女》

土司夫人田氏

土司夫人田氏

　　2014 年，贵州省考古队在遵义（古称播州）附近发掘了南宋播州土司杨价及其夫人之墓。墓中出土了大量完整成套的宋式金银器皿。

　　追溯这对夫妇身处的历史背景，当时贵州地区是由当地土司分别世袭治理。土司们各立门户，可自行任命官吏，拥有军队，其中最为显赫的两家土司为思州田氏和播州杨氏，有着"思播田杨"的说法。田、杨两家世代约为婚姻。田氏所嫁的夫君，是一位少年英雄。杨价字善父，"英伟沉毅，自少不群"。他于南宋绍定年间（1228—1233年）承袭父职，成为播州杨氏第十四世土司。而当时播州土司归附的南宋朝廷，正面临着强大草原帝国蒙古大军的南下威胁。南宋端平二年（1235年），两国战争全面爆发，蒙古军队进攻四川，围宋军于青野原。杨价认为"此主忧臣辱时也，其可后乎"，亲率家兵五千前往助宋解围。经此一役，杨价被授予"雄威军都统制"的官职；杨家军被赐封为"雄威军"，此后更多次战胜蒙古。

随着杨价被南宋朝廷所倚重，他的妻子田氏也相应有了封号"齐安和政安康郡夫人"。杨价不仅战功卓著，也继承了自己母亲（另一位田氏夫人）的爱好，喜史书，善笔札。过去宋朝视播州为蛮夷之地，不在此地设科取士。直到杨价时，才向朝廷求得"岁贡三人"，在播州首开科举之风。杨价去世后，南宋朝廷"赠开府仪同三司、威武宁武忠正军节度使，赐庙忠显，封威灵英烈侯"，田氏也得"赠永宁郡夫人"。夫妇有子名杨文，曾在抗击蒙古的战场上屡立功勋。

形象复原依据

田氏夫人的一整套金凤冠首饰，由中国社会科学院考古研究所进行实验室考古，完好提取。凤冠构件包括正面簪有金凤的金冠一顶、博鬓一双、博鬓式簪两对、假发鬏一对。此外，鬏上又插有三把竹节纹金鬏梳。凤冠与高大鬏髻的搭配，都承袭自古制，又融入了南宋的装饰细节。

绘图时在考古工作者的组合方案基础之上，参照当时盛装女子形象进行重组设计。

▲
昌州刺史任宗易夫人杜慧修像
南宋建炎二年（1128 年）
重庆大足石窟 149 窟

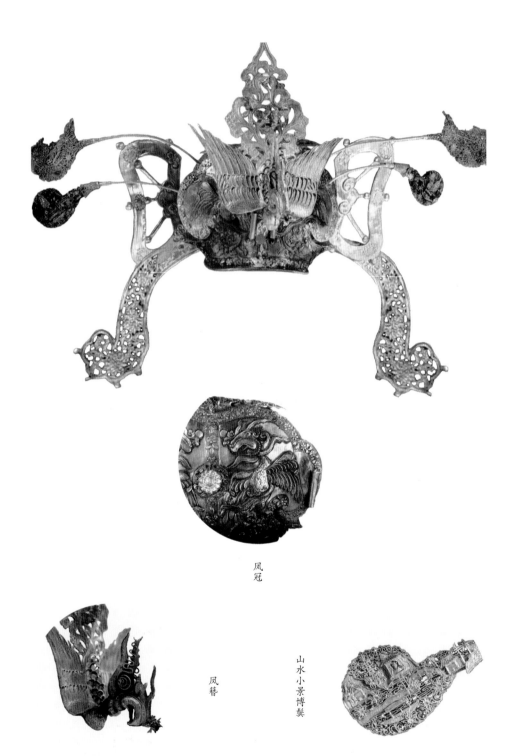

凤冠

凤簪

山水小景博鬓

① 本条为《靖康稗史》（又名《普天同愤录》）佚文，见于徐大焯《烬余录》李模按语所引。

② 栖霞县文化馆．山东栖霞慕家店宋墓，文物资料丛刊 10 [M].北京：文物出版社，1987.发掘者推测该墓所处时代大约即宋哲宗朝。

③ 胡松梅．陕西长安杜回北宋孟氏家族墓地[J].艺术品鉴，2021，（7）．

④ 淮安市博物馆等．江苏涟水妙通塔宋代地宫[J].文物，2008，（8）．该地宫时代在北宋治平四年(1067年)。

❀ 首饰小识：龙凤簪

自宋明以来，龙凤冠逐渐被纳入礼仪制度中，成为高等级的命妇头饰之一。不过，它是经历了漫长的发展才最终成为定制。起初，龙凤可能只是依附于贵妇人冠饰上的华丽大簪。

如北宋李廌在《师友谈记》中记宋哲宗朝元祐八年（1093 年）上元节宫中宴会，太妃与中宫皇后头上所戴，都是"缕金云月冠，前后亦白玉龙簪，而饰以北珠，珠甚大"。在记载宋金之际宋宗室贵族北迁遭遇的《靖康稗史》①中，提及宋钦宗朱皇后遗物有"龙凤金贯簪一只，长五寸，附发内"，是她生前常用的首饰。

这类龙簪或龙凤簪，对照实物来看极可能是多段拼装的组合式样。如山东栖霞慕家店宋墓②出土一件龙凤形簪，银簪上套一段鎏金錾花的铜管，管上栖一条腾龙，管头又嵌白玉雕琢、线条涂朱的凤头。陕西西安杜回北宋孟軏妻张氏墓③中出有一截同样的金铜龙簪管，只是其间的镶嵌物已失。它们大约都是比皇室所用的白玉龙簪等级稍低的同类簪饰。江苏涟水妙通塔北宋地宫④也出土一件金凤首龙身簪头，簪头为曲颈扬首的凤鸟，凤头被刻意夸张化，比起凤身和两扇小小翅翼而言颇显巨大，宽大的喙弯作勾状，应可用于钩挂络索类饰物。

▶ 白玉凤金铜龙银簪
山东栖霞慕家店宋墓出土

　　田氏夫人所用的凤簪，同样有着硕大的立体凤头，凤身下连一片草叶纹尾羽。它簪在一顶镂花鎏金银如意冠正前，是目前仅见的一例南宋组合实例。这种凤的式样，实际在唐代已形态详备——在镂空金片上以金丝勾勒出双翅与尾羽，再安装在锤揲金片做出的立体凤鸟身躯之上，凤尾做成翻卷缠绕的花叶。虽然唐宋两件首饰时代相距颇远，但意匠竟是一致的，可见其传承有序。南宋学者程大昌在《演繁露》中记载当时贵妇人"冠帔"制度时，特别提到"秦丞相夫人塑像建康坟庵，乃顶金凤于髻上"，可知这种金凤也与史籍失载的当时南宋官方服饰制度相关。

　　凤簪若是成对，则大多是取"鸾凤合鸣"的吉祥寓意。如浙江德清银子山出土的一对鎏金银凤簪，凤的尾羽如火焰，鸾的尾羽如卷草，式样与宋代《营造法式》一书中所绘凤凰与鸾鸟一致。

鎏金银鸾凤簪
浙江德清银子山南宋窖藏出土

北宋《营造法式》中的凤凰与鸾鸟
《钦定四库全书》本

❀ 首饰小识：博鬓簪

　　博鬓类簪钗到了宋朝，已变得更为繁复多样；皇后礼冠上的博鬓，也由唐朝式的一对增至三对。田氏夫人凤冠两侧的博鬓，正代表着当时的两类典型式样。

　　式样之一，仍是隋唐以来的古制，作为礼冠的构件之一，位置却从原本的鬓边移动到了冠后。图像见于宋代皇后像的凤冠之上，实物目前仅见田氏夫人冠后的一对。

　　式样之二，结合了晚唐以来流行的花钗式样，于簪钗之首做出略如花萼形的小座，再从其中绽出一片博鬓形的花叶。如江苏连云港韩李宋墓出土的一支银簪，簪头作翻卷波涛托起一只鎏金的飞龙。[①]

①　连云港市博物馆．江苏连云港韩李宋墓发掘简报[J]．东南文化，2017，（6）．

四川阆中双龙区宋代窖藏中也出土有两件博鬓
钗，钗头延展的博鬓上镂刻牡丹、莲花、菊花、木
芙蓉等四季花卉；博鬓之上，还附着立体的石榴、
瓜、莓、桃等瓜果；博鬓之下，坠挂六枚可摇动的
小金花饰。湖北蕲春罗城遗址南宋金器窖藏中的一
件，底托作龙口形，从中吐出生有各式瓜果的枝蔓，
一只凤鸟飞翔于其上。

◐

卷草飞龙纹鎏金银簪

江苏连云港韩李宋墓出土

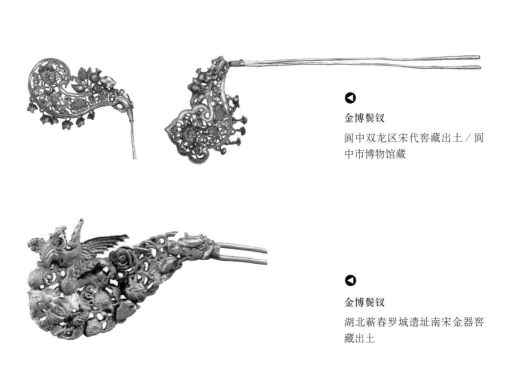

◐

金博鬓钗

阆中双龙区宋代窖藏出土／阆
中市博物馆藏

◐

金博鬓钗

湖北蕲春罗城遗址南宋金器窖
藏出土

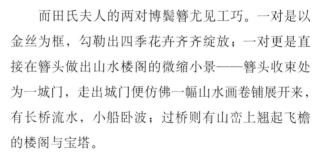

① 图为美国佛利尔美术馆所藏元《西湖清趣图》局部。

而田氏夫人的两对博鬓簪尤见工巧。一对是以金丝为框，勾勒出四季花卉齐齐绽放；一对更是直接在簪头做出山水楼阁的微缩小景——簪头收束处为一城门，走出城门便仿佛一幅山水画卷铺展开来，有长桥流水，小船卧波；过桥则有山峦上翘起飞檐的楼阁与宝塔。

依照宋朝时的惯例，凤冠霞帔是一种朝廷特赐的殊荣。田氏夫人头上的金凤冠与博鬓，极有可能便是在夫君杨价建功立业之后获得的、来自南宋朝廷的赏赐之一。如此，它极可能制作于南宋都城临安，博鬓簪头的山水楼阁小景也仿佛觅得了出处——一路上城门、桥梁、佛塔的布局，恰似临安城外的西湖之畔，自钱湖门出，过长桥，登临雷峰高塔①。有宋人一曲《菩萨蛮·西湖曲》足以形容簪头纹饰：

西湖小景金博鬓簪

贵州遵义播州土司杨价夫人田氏墓出土

横湖十顷琉璃碧，画桥百步通南北。

沙暖睡鸳鸯，春风花草香。

间来撑小艇，割破楼台影。

四面望青山，浑如蓬莱间。

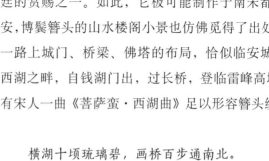

元·佚名《西湖清趣图》

美国佛利尔美术馆藏

两宋

女子典型首饰一览

礼制的命妇首饰

【花钗冠】两宋

两宋时期最高等级的命妇冠饰，为皇后配合隆重大礼服"翟（dí）衣"使用的"花钗冠"。它继承自唐朝命妇的花树冠式样，并进一步增补调整各构件的细节。

北宋初的样式，大约仍沿袭唐制，由花株、宝钿、位于两鬓位置的博鬓等构成，只是因图像材料缺乏，目前无法详细描述。

北宋中期皇后冠饰发生了一些变化，如台北故宫博物院藏北宋神宗皇后坐像所表现的一般，是将鬓边的博鬓由唐朝的一对增作三对（这时的博鬓仍位于正面两鬓的位置），在冠体的十二枚宝钿与十二簇花树之上，又增加了九龙四凤等装饰；冠体之外，另有一支龙首长簪位于正中，衔挂出穗球一朵。

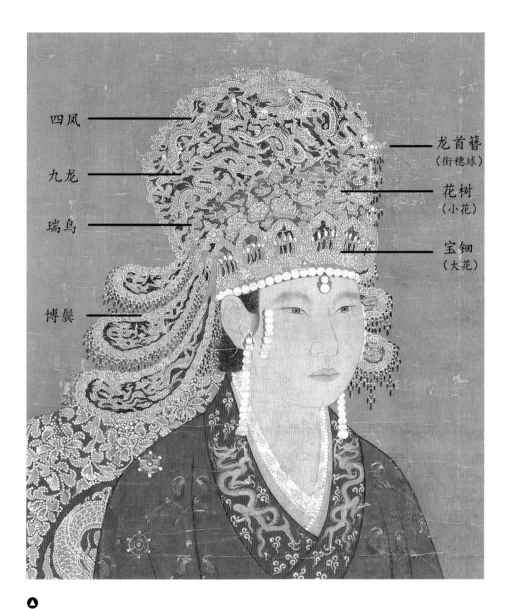

四凤

九龙

瑞鸟

博鬓

龙首簪
（衔穗球）

花树
（小花）

宝钿
（大花）

宋神宗皇后像
台北故宫博物院藏

此后制度稍有更易，如台北故宫博物院藏宋钦宗皇后半身像所示，博鬓移动至头后位置；唐制宝钿的轮廓逐渐模糊乃至消失，其位置替代为一列王母仙人队；有的冠上四凤已增至九凤；而原本衔穗球的龙首簪，也归入冠上增饰的九龙之一，成为冠体中央的一条大龙。

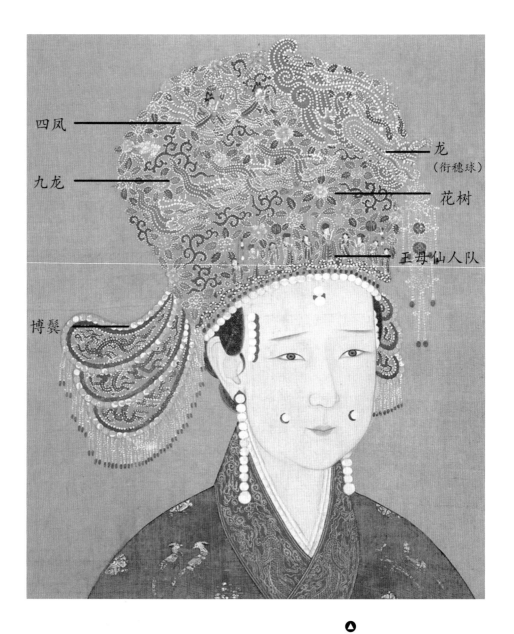

四凤

九龙

龙
（衔穗球）

花树

王母仙人队

博鬓

　　北宋灭亡之后，皇室的整套舆服仍被金人所继承。《金史·舆服志》中关于皇后冠服的记载，大致仍可以与台北故宫博物院藏北宋徽、钦二后像中的冠饰对应："花株冠，用盛子一，青罗表、青绢衬金红罗托里，用九龙、四凤，前面大龙衔穗球一朵，前后有花

包括：
金凤簪一枚
金冠一项
金假髻一对
金博鬓三对
金项牌一件

贵州遵义南宋播州土司夫人田氏墓首饰
实物组合推测

株各十有二，及鸂鶒（xī chì）、孔雀、云鹤、王母仙人队、浮动插瓣等。"

南宋时代皇后的礼冠制度似已确定，大体结构未见更易。

【龙凤簪钗】两宋

这似是一种正式文献缺载的半正式头饰，只偶见于宋人笔记，有"前后白玉龙簪""顶金凤于髻上"等寥寥数语。由出土文物来看，与之搭配的有基本的冠体、两枚长簪挑起的假髻、博鬓式簪钗等构件。

南宋时期的珠子松花特髻与珠帘梳

【特髻】两宋

即特定形态的假发，可供补益女性不足的发量，或省略繁复的盘发过程，方便戴用。其上往往装饰各种珠翠花饰。它在宋代逐渐成为一种含有等级或盛装意义的头饰。北宋时命妇入宫朝见，若非君王特许，按例应戴特髻。南宋女性盛装头饰之一为"珠子松花特髻"。

【包髻】两宋

以绢帛将发髻包裹起来，流行于北方多风沙之地。但在北宋宫廷，这是一种规格更高于特髻的盛装头饰。仁宗朝时，大长公主姐妹入宫拜见太后刘娥，刘娥见她们年老发落，便赐给她们贵重的珠玑帕首，以遮挡日益稀疏的头发。另一位命妇仁寿郡夫人李氏朝见时，也被仁宗特赐包髻，当时以为荣耀。

▲
北宋时代的包髻

实用的簪钗插梳

【头须】两宋

用以绾髻的一条窄长发带。北宋女性尤其注重其美感，头须在发髻前方结束成结后，端头还浆得硬直，长长伸展开来形成利落翘起的长尾。

【插梳】两宋

宋代仍延续晚唐以来在头上"广插钗梳"的做法，只是插梳形态略有变化。

▲
头须与插梳

【关头簪钗】北宋

起基础绾发或固冠作用的簪钗，通常在发髻或头冠上以一枚簪前后贯穿、一枚钗左右贯穿，以达到整体固定的效果。簪钗大多为素面，只在簪首加装一个圆头作装饰。但也有在簪身雕镂花草的精巧款式。

【钗梳】北宋

尺寸稍小的梳子也可以与一枚长钗配合以绾髻。这类梳往往在梳桥上加以精巧装饰，可戴在发髻正中，或斜压在发髻之后。

▲
江苏常州红梅新村北宋墓／首饰实物组合推测

包括：
二龙戏珠金裹头银竿簪一枚
錾牡丹纹银钗一枚
梅花草叶纹金梭耳环一对

▲
江苏镇江北宋黄氏墓／首饰实物组合推测

包括：
金裹头簪（簪身残失）一枚
鎏金银钗一枚
金钩耳环一对

▲
江西彭泽北宋元祐五年（1090 年）易氏八娘墓／
首饰实物组合推测

包括：
"周小四记"铭梅花双狮纹银梳一把
银钗一枚
錾花草纹金梭耳环一对

【花头／花筒簪钗】南宋

进一步强调装饰功能的簪钗，通常在端头整体镂刻打制出各样花饰的"花头"款式，纹饰简易者为"缠丝""竹节"，复杂者称"钑花"。也有用片材打制成空心花筒，再另行加装簪脚或钗脚的"花筒"款式。

【连二连三／桥梁簪钗】南宋

在花头或花筒的数量上增益，形成的多头并联式样。出土实例中多是三件或四件一组，围绕发髻插作一圈。

【耳挖簪／梭头簪／笊头簪】南宋

簪头加装饰物或膨大的华丽式样。装饰意义大过实用意义。

▲
浙江庆元会溪南宋胡纮夫妇墓开禧元年（1205年）夫人吴氏／首饰实物组合推测

包括：
"真赤金"花筒金钗一枚
素金钗一枚
缠丝纹鎏金银钗一枚
素银钗三枚
金梳背一对
金耳环一对

▲
江西安义淳祐九年（1249 年）硕人汪氏墓／首饰实物组合推测

包括：
并头花筒金钗五枚
鏊花金钗一对
缠丝纹鎏金银钗一枚
缠丝金梳背一对

【压鬓梳】南宋

南宋时流行的梳式都较为小巧精致，用以插在鬓发之上"压鬓"。可以进一步在梳背加镶珍珠或包金。有的梳背上还加装珍珠或金花小饰物垂挂下来，称作"帘梳"。

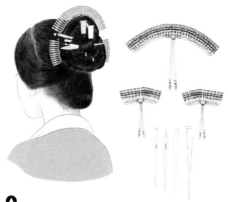

▲

江苏长泾镇宋墓／首饰实物组合推测

包括：
连三十三"北周铺造"鎏金银花筒钗一枚
连十三"周铺造"鎏金银花筒钗一对
鎏金银花头簪一枚
鎏金银梭形簪一枚
银挖耳簪一枚
银花筒簪一枚

▲

江苏南京幕府山宋墓／首饰实物组合推测

包括：
金花筒通气簪一枚
连三球路纹金花头簪一对
麒麟凤凰纹金梭形簪一枚
累丝嵌宝金梳背一把
菊花纹金梭耳环一对

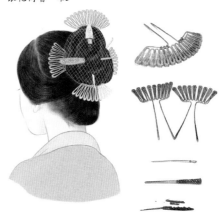

▲

浙江东阳金交椅山宋墓／首饰实物组合推测

包括：
手形金簪一枚
连十五金桥梁竹节钗一枚
凤穿牡丹鎏金银花筒簪一枚
连九鎏金银桥梁竹节钗一对
残损银簪数枚
银发罩一组

时尚多变的冠饰

【花冠／云冠】两宋

延续唐代宫廷风尚的冠饰，通常是以彩色绢纱剪作花瓣或云朵，组合形成笼罩发髻的冠饰。当时也存在以金银珠玉牙角等制作的贵重品。

▲
花冠

【鹿胎冠】两宋

原是晚唐五代以来效仿自隐逸高士、充满野趣的头冠，以鹿胎皮为材质制作。但因士庶女性广为效仿，导致胎鹿被大量捕杀，宋朝官方多次下令禁止，依旧屡禁不绝。

【等肩冠】北宋中期

向两肩延展的夸张冠饰，源于宋仁宗的后宫之中。与之搭配的还有夸张的大型插梳。制作材质多采用白角、玳瑁、琥珀、鱼鳅等，形成半透明的效果。一度出现戴等肩冠的贵胄女性登车必须侧着头才能进入的情形。旋即被朝廷以奢侈、服妖为名在比例尺寸上加以限制，但这种式样依旧流行了许久。

▲
鹿胎冠

【长梳】北宋中期

宽大的内样冠饰，还需同样比例夸张的长梳来配。宋人罗列首饰也往往"冠梳"并举。

【垂肩冠】北宋中期

源于等肩冠的改良款式，将冠体原先延展两翼的四角都向肩部垂下，围绕头部形成倒U形的冠式。

【团冠】北宋后期

原本是源自民间、以竹编刷漆的轻巧团形冠式；后贵妇人也学用此式样，改为以角制作，也有以金银等贵金属制作的。

▲
头须、等肩冠与长梳

▲
垂肩冠

▲
湖南永州和尚岭出土折枝花纹金团冠佩戴示意

【山口冠】北宋后期—南宋初期

将团冠前后升高，两侧裁低开口，就形成了山口冠。这种高耸的头冠是北宋后期从宫廷到民间女性都喜爱的时尚款式，但在南宋初已被视为"大梳裹"的构件，非盛装不用。

【并桃冠】北宋徽宗朝

一种源自徽宗宫廷、仿效自道教冠式的漆冠，形如二桃相并。流行于靖康末年，被后人视作不祥征兆。

【如意冠／朵云冠】南宋

南宋的冠式远比北宋时小巧，这类冠多是以前后两片围成，形态如同如意或云朵，戴用时倾斜在头部后侧。

▲
安徽舒城三里村北宋墓／首饰实物组合推测

包括：
银山口冠一顶
錾菊花纹金裹头银簪一枚
鎏金银钗一枚
金钩耳环一对

▲
并桃冠

包括：
银如意冠一顶
漆木鬓梳多把
银钩耳环一对

▲
江苏常州春江镇南宋墓／首饰实物组合推测

▲
江苏溧阳沙河南宋安人周德清墓出土／
镂花银如意冠佩戴示意

十年生死两茫茫。

不思量，自难忘。

千里孤坟，无处话凄凉。

纵使相逢应不识，尘满面，鬓如霜。

夜来幽梦忽还乡。

小轩窗，正梳妆。

相顾无言，惟有泪千行。

料得年年断肠处，明月夜，短松冈。

——苏轼《江城子》

第三篇／梳洗打扮

概
说

在苏轼为怀念亡妻王弗而作的《江城子》中，妻子生前临窗梳妆的场景，想必是苏轼无比熟悉、难以忘怀的，即便阔别十年、生死相隔，依旧在他的梦中清晰重现。只是，曾经妻子身畔亲昵的"参与者"，已在岁月流逝中变成了"旁观者"。即便亡妻夜来入梦，他唯有"相顾无言"的凄凉。

宋朝女性是如何梳妆，若仅仅是对照宋朝文学作品，很难得知详细。毕竟这是极寻常的生活琐事，无需劳烦文人墨客来具体记录，寥寥几字点染出的情感却是古今共通的。但若要了解宋朝女性化妆方式，这些文本就远远不够了。好在宋代墓葬的考古发掘中，已出土了多套女性妆具，宋人日常居家生活所用的通俗百科书籍也记载了不少当时流行的妆品制法。本篇将先从几组保存完整成套的宋朝妆具讲起，接着一一列出梳妆步骤，各种化妆方式与妆品配方也分别录在其下。

用具

妆具

一套妆具的具体构成，按照南宋字书《碎金》家生篇"妆奁（lián）"下所列举的名目，有妆盘、减妆、镜台、照匣、油缸、粉匳等物件。

镜，在宋人口中又称"鉴"或"照子"，镜台也称"鉴台"或"照台"。"照匣"即盛放铜镜的镜盒。

至于"减（鉴）妆（装）"，原也是指装镜子的奁盒，但随着梳妆用具逐渐变得复杂多样，宋人将盛放各类细碎梳妆小物件的妆奁统称为"减妆"，这些小物件拿出使用时又能放置于妆盘之中。

一件"减妆"之中，除却必备的时称"粉匳"的脂粉盒、盛装头油的油缸^①之外，依照南宋吴自牧《梦粱录》"诸色杂货条"罗列"家生动事"时举出的物件，又有木梳、篦（bì）子、刷子等什物。梳、篦自然是用以梳发，刷子作妆具则是用以蘸头油掠发、刷鬓，当时称作"掠头"，^②如元代朝鲜

① 关于这一妆具的具体考证，可参见扬之水．油缸[J]．文物天地，2002，（4）．

② 明人编《三才图会》中对这类头刷作了进一步区分：刷与刡（抿子）其制相似，俱以骨为体，以毛物妆其首。刡以掠发，刷以去齿垢，刮以去舌垢，而帚则去梳垢，总之为栉沐之具也。

① 陈晶,陈丽华.江苏武进村前南宋墓清理纪要[J].考古,1986,(3).相关考证又见扬之水.常州武进村前乡南宋墓出土器物丛考[J].常州文博论丛,2016.

人编撰的汉语教材《朴通事》中有一段买卖对话:"卖刷子的将来。这帽刷、靴刷各一个,刷牙两个,掠头两个,怎么卖?""这的有甚么商量处,将二百个铜钱来。哥,我与你这一个刷牙、一个掠头。"可知牙刷与头刷在当时是有专人售卖的。

在南宋墓葬之中,曾有多组妆奁与成套妆具出土,可以一览当时官僚之家女性的梳妆好尚。

如江苏常州武进村前乡南宋墓曾出土一套"温州新河金念五郎上牢"戗金细钩仕女游园图朱漆妆奁,是目前所见最为华丽精致的南宋妆具。妆奁分盖、盘、中、底四层。盘内盛菱形铜镜;中层盛木梳、竹篦、竹剔签、银扣镶口的圆筒形漆粉盒;底层内放小锡罐、小瓷盒。关于其主人,依照发掘简报推测,是官至副相的毗陵公薛极的某位女性亲属。①

▼
妆具一套
江苏常州武进村前乡南宋墓出土

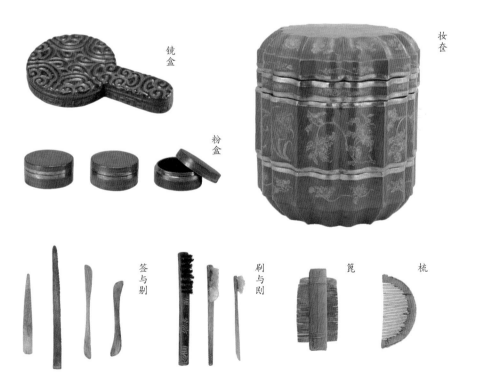

镜盒

妆奁

粉盒

签与剔

刷与刡

篦

梳

福建福州茶园山南宋端平二年（1235年）夫妇墓[1]中也曾出土两组妆具。其中夫人所用为一件剔犀漆妆奁，内盛铜镜、油缸、粉盒、妆盘、梳篦等物。此墓墓主身份不明，只能大概根据墓中挽幛文字推测是一位死于战场的南宋将军及其夫人。

福建福州南宋淳祐三年（1243年）黄昇墓出土一件三层漆妆奁，将妆品的分列存放展现得清清楚楚——第一层为镜盒，盛有与漆奁轮廓相同的配套铜镜一枚；第二层为面妆所用，包括盛装脂粉的小漆盒三件（其一装有粉扑）、素面小银盅一件、小粉饼二十块；第三层为理发所用，盛竹签一、竹刮刀一、大小毛刷各一、角梳一，又有作为饰物的银对蝶一。

江西德安南宋咸淳十年（1274年）周氏墓也出土了一件三层银妆奁，第一层放置铜镜一面，第二层放置梳篦、刀、剔、刷（均为纸剪明器）和盛胭脂绵片的银盘，第三层放置粉盒。

① 茶园山宋墓未发表考古简报或报告，相关文物展陈于福州市博物馆。部分文物信息可参见福州市文物管理局编. 福州文物集粹[M]. 福州：福建人民出版社，1999.

▼

妆具一套

福建福州茶园山南宋端平二年（1235年）墓出土

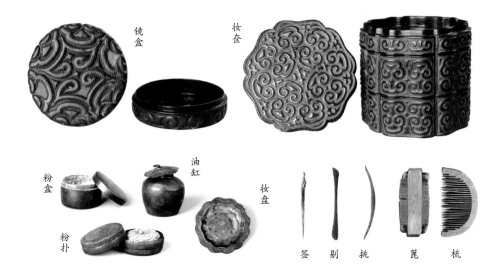

镜盒　妆奁

粉盒　油缸　妆盘

粉扑　签　剔　挑　篦　梳

铜镜　照台　妆奁　角梳　刮　签　刷　水盂　油缸　脂粉盒　银对蝶

妆具一套

福建福州南宋淳祐三年（1243年）黄昇墓出土

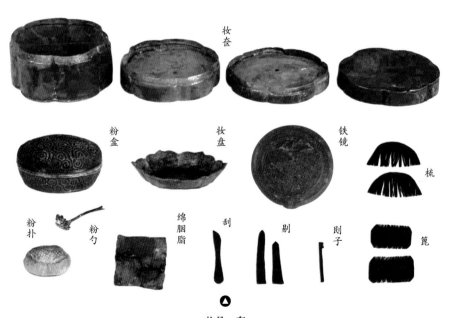

妆奁　粉盒　妆盘　铁镜　梳　粉扑　粉勺　绵胭脂　刮　剔　刮子　篦

妆具一套

江西德安南宋咸淳十年（1274年）周氏墓出土

结合出土文物与当时文献记载来看，一套最为齐整的梳妆用具包括以下物件：减妆（盛放梳妆用具的奁匣）、镜子（镜子可配备镜台，时称"照台"）、粉盒、胭脂盒、水盂（盛补鬓水，或用作洗画眉墨的墨洗）、油缸（盛头油的小缸）、梳篦、梳帚（大刷子，用以刷去梳垢）、刷子（小刷子，用以蘸头油掠发）。时代稍晚的元末明初吴王张士诚母曹氏墓中，出土的一组妆具恰是尽数皆备，而且仍继承着宋式风格。

照台

●
妆具一套
江苏苏州元至正二年（1342年）
吴王张士诚母曹氏墓出土

妆奁

妆盒

脂粉盒子

篦

梳

帚

刷

签

拨

剪

别

补鬓水盂

油缸

香水

月转花枝清影疏。露华浓处滴真珠。

天香遗恨胃（juàn）花须。

沐出乌云多态度，晕成娥绿费工夫。

归时分付与妆梳。

——张元干《浣溪沙·蔷薇水》

宋人极重香道，女子梳妆也少不了要喷洒香水。

其中最珍贵的香水之一是蔷薇水，这是来自中亚、西亚地区的特产，蒸馏提取自蔷薇花。它早见在五代时，作为来自异邦的珍异贡物，盛在半透明的晶莹琉璃瓶中，名唤"洒衣蔷薇水"。[①] 而直至宋代，人们仍惊异于它洒衣所带来的芳香浓郁持久。此后随着宋与海外贸易交流的加深，它逐渐走入世间，成为女子妆奁中的爱物。有宋诗写美人晨妆时使用蔷薇水的情景："美人晓镜玉妆台，仙掌承来傅粉腮。莹彻琉璃瓶外影，闻香不待蜡封开。"（虞俦《广东漕王侨卿寄蔷薇露因用韵》）

盛装香水所用的琉璃小瓶，虽未有明确的出土物，但应能借助当时佛塔地宫之中供奉舍利或盛装香料的精巧小琉璃瓶来推想。

然而这种异域远道而来的香水终究贵重，不能为寻常人家所用。宋人开始探索从各式香花中蒸馏提取花露、香水的方法。因本土的蔷薇香味不及异域，有人取用当时南方已颇有种植的素馨、茉莉等异域芳香花卉来制，但香味却仍旧有所不及。[②] 又有采用本土一种名为"朱栾"的柑橘树所开之花来制香水，从最

① 北宋·乐史《太平寰宇记》：（五代周）世宗显德五年，其（占城国）王释利因得漫，遣其臣蒲诃散等来贡方物。中有洒衣蔷薇水一十五琉璃瓶，言出自西域，凡鲜华之衣，以此水洒之，则不黦而复郁烈之香，连岁不歇。

② 北宋·蔡絛《铁围山丛谈》：异域蔷薇花气馨烈非常，故大食国蔷薇水虽贮琉璃缶中，蜡密封其外，然香犹透彻，闻数十步，洒著人衣袂，经十数日不歇也。至五羊效外国造香，则不能得蔷薇，第取素馨茉莉花为之，亦足袭人鼻观，但视大食国真蔷薇水，犹奴尔。

琉璃瓶

安徽无为北宋舍利塔出土

琉璃瓶

河北定州静志寺北宋塔基遗址出土

琉璃瓶

浙江瑞安慧光塔北宋地宫出土

终效果来看，似乎芬芳并不逊于蔷薇。①

　　以巧法所制的各样香水，可用以调水洁面，或是和入脂粉，或是混入发油，整个梳妆的过程都满是芬芳。

① 南宋·张世南《游宦纪闻》：永嘉之柑，为天下冠。有一种名"朱栾"，花比柑橘，其香绝胜。以笺香或降真香片斮，锡为小甑，实花一重，香骨一重，常使花多于香。窍甑之傍，以泄汗液，以器贮之，毕，则彻甑去花，以液清香，明日再蒸。凡三四易，花暴干，置磁器中密封，其香最佳。

整发

梳头

日日楼心与画眉。松分蝉翅黛云低。

象牙白齿双梳子，驼骨红纹小棹蒦。

朝暮宴，浅深杯。更阑生怕下楼梯。

徐娘怪我今疏懒，不及卢郎年少时。

——吕胜己《鹧鸪天》

① 郑州市文物考古研究所，新密市博物馆．河南新密市平陌宋代壁画墓[J]．文物，1998，(12)．原壁画已极为漫漶，这里依照轮廓特殊修复处理。

② 南宋·陆游《老学庵笔记》：徐敦立尝言，往时士大夫家妇女用梳洗床、火炉床。今犹有高镜台，盖施床，则与人面适平也。

③ 郑州市文物考古研究所，登封市文物局．河南登封城南庄宋代壁画墓[J]．文物，2005，(8)．

打理秀发，是梳妆的第一步。河北新密平陌北宋大观二年（1108 年）墓[①]的壁画中，恰有两张梳妆图将这一过程展现得很清楚。一幅壁画中，美人大约还是晨起坐床之时，一编长长青丝拧在左手之中，右手执一红宽梳，正细细梳理着发梢；而另一幅中，美人仍在床上坐，但面前已摆好了陈设高镜台与各样梳妆用具的"梳洗床"[②]，她正对镜完成梳发绾髻之后的戴冠动作，预备开始接下来繁琐的面部化妆。

河南登封城南庄宋墓[③]西南壁也绘有一幅极生

动的梳洗图，女郎盘绾好发髻，在准备洁面梳妆之前，还不忘以盆水为镜，抬手对鬓发做最后的打理。

梳发除了要用到梳篦、刷刷等妆具，离不了头油的辅助。南宋刻本《碎金》服饰篇"梳洗"一条专列着"面油、漆油"，而明本《碎金》此处则改作"面油，省头木犀油"。"省头木犀油"自是用以梳发润发的头油，则"漆油"也应属头油之类。南宋陈元靓所编撰的日用百科小书《事林广记》中，更详细记有"香发木犀油"①"宫制蔷薇油"②等，都是调入了桂花、蔷薇、茉莉、素馨等南方芳香花卉制成的头油。

又有以药材制作头油的配方。赵磻老《浣溪沙》中有"懒画娥眉倦整冠，笋苞来点镜中鬟"句，其中

① 南宋·陈元靓《事林广记》记"香发木犀油"配方：岩桂花，凌晨摘半开者，拣去茎蒂，令十分净，每高量一斗，取真麻油一斤，轻手拌匀，以湿燥相停为度，纳甃瓮中，厚用油昏封系瓮口，坐瓮于釜内，以汤煮一饷久，持起顿燥十日后倾出，以手沚其清液收之，要封闭谨密，愈久愈香。以此油勾入黄蜡，为面脂尤馨。

② 南宋·陈元靓《事林广记》记"宫制蔷薇油"配方：真麻油随多少，以瓷瓮盛之。令及半瓮，取降真香少许投油中，厚用油纸封系瓮口，顿甑中。随饭炊两饷，持出顿冷处，三日后去其投香。凌晨旋摘半开柚花，俗呼为臭橙者，拣去茎蒂纳瓮中，令燥湿恰好，如前法密封十日。后以手其清液收之，其油与蔷薇水绝类。取以理发，经月常香，又能长鬓。茉莉、素馨油造法皆同，尤宜为面脂。

① 元《居家必用事类全集》记"搽头竹油"配方：每香油一斤。枣枝一根剉碎。新竹片一根截作小片。不拘多少。用荷叶四两。入油同煎至一半。去前物加百药煎四两。与油再熬。入香物一二味。依法搽之。

点鬉所用的"笋苞"，指的应是一种"搽头竹油"，详细配方见于元代日用百科书《居家必用事类全集》①。此外，书中还罗列有"乌头麝香油方""金主绿云油方"等，都是以药材调和香油所制，以求实现滋养、生发、黑发等治疗功效。

以蘸有头油的梳篦梳头、刷刡掠发，能起到润泽发丝，使其柔顺服帖、黑亮润泽的作用，更能为精心打理的鬉发、髻鬟定型。于是宋人在词曲中不无夸张地写道："高鬉松绾鬂云侵，又被兰膏香染、色沉沉"（张元干《南歌子》）、"兰膏香染云鬓腻，钗坠滑无声"（陆游《乌夜啼》）、"纤手犀梳落处，腻无声、重盘鸦翠；兰膏匀渍，冷光欲溜，鸾钗易坠"（胡仔《水龙吟》）——涂了头油的发缕黑亮自不消说，却又太过滑腻，导致绾发的钗子也因此滑落下来。

绾髻

燕姬越女初相见，
鬂云翻覆随风转。
日日转如云，
朝朝白发新。

江南古佳丽，
只绾年时髻。
信手绾将成，
从来懒学人。

——颜奎《菩萨蛮》

北宋初年，延续了很久五代时期的高髻风尚。这类高髻整体向上隆起，其上又可附加小髻或小鬟。直到太平兴国七年（982 年），真宗下令"妇人假髻并宜禁断，仍不得作高髻及高冠"，这样的风气才有所消歇。

此后，关于女性发髻式样的记录大多只是偶然见于诗词之中，极少有唐人那般细致的罗列。这或许是因为戴冠越发流行，束于头顶的发髻被冠子所遮掩，在其样式上也就没有了太多可供发挥的空间与必要，不再像以往那般时时推陈出新。

直到北宋后期徽宗朝，流行的发髻是所谓"盘福龙"或"便眠觉"，结发于头顶，式样宽大而扁，实用功能大于装饰意义。追求发型时尚的女性们则将关注的重点转移到了外露的额发、鬓发及头后发上。以下是一位宋代百岁老人袁褧的记载。他生于北宋，死于南宋，亲见了宋徽宗时期汴京城中女性的各种发型演变：

崇宁年间（1102—1106 年）流行"大鬓方额"；政和（1111—1118 年）、宣和（1119—1126 年）年间，又流行起"急把垂肩"；在宣和之后，多梳"云尖巧额"。[①]

一则隐喻北宋末年时局的笑话[②]，也提到了宫中教坊女伎的三种发髻式样：迎着额前竖立的"朝天髻"、偏坠一边的"懒梳髻"、如小孩般满头小髻的"三十六髻"。

到了南宋时，随着各样新款装饰类首饰的广泛流行，发髻作为首饰的"展示台"，再度有了一些新样。其中以南宋后期理宗朝宫中流行的高髻"不走落"最为著名。

① 南宋·袁褧《枫窗小牍》：汴京闺阁，妆抹凡数变。崇宁间，少尝记忆，作大鬓方额。政宣之际，又尚急把垂肩。宣和以后，多梳云尖巧额，鬓撑金凤，小家至为剪纸衬发。

② 南宋·周密《齐东野语》卷十三《优语》：宣和中，童贯用兵燕蓟，败而窜。一日内宴，教坊进伎，为三四婢，首饰皆不同。其一当额为髻，曰："蔡太师家人也。"其二髻偏坠，曰："郑太宰家人也。"又一人满头为髻如小儿，曰："童大王家人也。"问其故，蔡氏者曰："太师观清光，此名朝天髻。"郑氏者曰："吾太宰奉祠就第，此懒梳髻。"至童氏者，曰："大王方用兵，此三十六髻也。"

附1：宋代典型发髻式样举例

朝天髻

【朝天髻】五代宋初

这是一种高高隆起的发髻。《宋史·五行志》："建隆初，蜀孟昶末年，妇女竞治发为高髻，号'朝天髻'。"

双蟠髻　　　　　　　鸾髻

【双蟠髻／鸾髻】北宋中期

据名称推想，应是成双盘绾的发式。苏轼《南歌子》："绀绾双蟠髻，云欹小偃巾。"

云鬟

【云鬟】北宋中期

一种多鬟如云的发式。柳永《夜半乐》："云鬟风颤，半遮檀口含羞，背人偷顾。"徽宗《宫词》："内家新样挽云鬟。"

盘福龙

【盘福龙】北宋后期

一种宽扁的发髻。《烬余录》："发髻大而扁，曰'盘福龙'，亦曰'便眠觉'。"

【坠髻/堕髻/懒梳髻】两宋

继承自古代的"堕马髻"，发髻倾垂在一侧，形态慵懒随意。张先《菊花新》："堕髻慵妆来日暮。"柳永《雨中花慢》："坠髻慵梳，愁蛾懒画，心绪是事阑珊。"吴文英《燕归梁》："白玉搔头坠髻松。"

坠髻

【同心髻】南宋前期

陆游《入蜀记》："未嫁者，率为同心髻，高二尺，插银钗至六只，后插大象牙梳，如手大。"

同心髻

【螺髻】两宋

形态如螺的发髻。辛弃疾《水调歌头》："螺髻梅妆环列，凤管檀糟交泰，回雪无纤腰。"

螺髻

【一窝丝】南宋

一种简易盘绾的发式，既可露髻簪戴各样首饰，又适合作为戴冠用的基础发髻。陆游《鹧鸪天》："梳发金盘剩一窝。"魏鹏《闺情》："春闺晓起泪痕多，倦理青丝发一窝。"张镃《菩萨蛮》："轻浸水晶凉，一窝云影香。"

一窝丝

不走落

【不走落】南宋后期

从宫中流行开来的高髻式样，便于插戴各样繁复的首饰。《宋史·五行志》："理宗朝，宫妃……梳高髻于顶，曰'不走落'。"

理妆

洁面

肌肤绰约真仙子，来伴冰霜。

洗尽铅黄。

素面初无一点妆。

寻花不用持银烛，暗里闻香。

零落池塘。

分付余妍与寿阳。

——周邦彦《采桑子》

　　在开始基础的化妆之前，宋人已形成了一套系统的洁面、护肤步骤。河南登封高村宋墓壁画中有一幅备洗图表现得颇为直观——盥洗盆架侧立一侍女，一手提水桶，一手捧一小碗，桶中自是洁面所需的热水，而碗中应盛有澡豆、皂角等清洁用品。

　　所谓"澡豆"，系以豆子磨成的细末调和香

① 北宋·沈括《梦溪笔谈》。

② 庄季裕《鸡肋编》：浙中少皂荚。澡面、浣衣皆用"肥珠子"。木亦高大，叶如槐而细生角，长者不过三数寸。子圆黑、肥大，肉亦厚，膏润于皂荚，故一名肥皂。

料制成，具有去污增香的作用。北宋时代，甚至有一则王安石的笑话与澡豆相关：传说王安石不修边幅，面目脏黑，有医者进澡豆劝他洗面，王安石却说："天生黑于予，澡豆其如予何？"（我天生就是这么黑，澡豆对我而言没用）①。

另一种被北宋人广泛使用的清洁用品是皂荚，到了南宋，因浙中地区少见皂荚，又改为使用一种名为"肥珠子"的植物荚角来洗面清洁。②因其比皂荚更"肥"，南宋人俗称其为"肥皂"。其后由其提炼制作的固体清洁品，仍延续此名，南宋人周密《武林旧事》中记录临安城中的"小经济"，就有专售"肥皂团"的行当。

在基础的清洁品外，还有一些采用特殊药材配

备洗图
河南登封高村宋墓壁画

方精加工、具有药效的洁面品，当时称作"洗面药"。《东京梦华录》中罗列北宋东京汴梁城中的店铺时，就已专有一家"张戴花"专门售卖这类洗面药。

南宋时流行一种洗面药，在陈元靓《事林广记》中名为"孙山少女膏"①。而在元人编著的《居家必用事类全集》中，甚至有一种"八白散"，书中称其是"金国宫中洗面方"，是用与"白"相关的八味药材，配合具有去污作用的皂角、绿豆等调制而成的洗面用品。

护肤

时人将护肤所用的面油美称作"玉龙膏"，相传其为宋太祖创制，因被贮存于雕有龙纹的玉盒之内而得名。②这类面油通常是用动物脂肪调和香料提炼而成，又因掺入了各种药材，具有一定的"药妆"特质。如北宋医典《圣济总录》中列举有"杏仁膏""羊髓膏""玉屑膏"等，洁面后涂于脸上，能起到祛除面部黄斑、提亮面色的效果。

除却动物类油脂，又有植物油配成的面油，它通常由麻油、鲜花及香料配制而成，其配方、工艺都同用来梳发的头油一致或类似。如前文提到的"宫制蔷薇油""香发木犀油"等，略再加工（如调入黄蜡），就可以用来涂面。

南宋《事林广记》中也专列有一种"太真红玉膏"配方③，不添油脂，而是以各种药粉调和蛋清制作，书中将其与唐代美人杨贵妃相联系，声称这

① 南宋·陈元靓《事林广记》记"孙山少女膏"配方：黄柏皮三寸，土瓜根三寸，大枣七个，同研细为膏，常旦起化汤洗面用。旬日，容如少女。以治浴，尤为神妙。

② 宋·庞元英《文昌杂录》卷一："礼部王员外言：今谓面油为玉龙膏，太宗皇帝始合此药，以白玉碾龙合子贮之，因以名焉。"

③ 南宋·陈元靓《事林广记》记"太真红玉膏"配方：杏皮、麸皮、滑石、轻粉各等分为末，蒸过，入脑麝少许，以鸡子清调匀，早起洗面毕，傅之，自日后色如红玉。

是贵妃用以保持面色红润的秘法。

　　此外值得一提的是，女性维持了一天的妆容，在临睡卸妆后，依然可以涂上各种面膏，达到夜间美容养颜的功效。仍是在《圣济总录》中，列有"益母草涂方""防风膏""白附子膏""丹砂膏""白芷膏"等夜用面膏配方，写明其使用方式是在临睡前卸妆洁面过后，才涂抹于脸上，早晨再以温水洗去。元代《居家必用事类全集》中，更专列有一种"夜容膏"，是将各样与"白"相关的药草、香料提取物合在一起，调入鸡蛋清，阴干成为膏状，就可用来夜间调理肌肤，使人容光焕发。

傅粉

铅华淡伫新妆束。

好风韵、天然异俗。

彼此知名，虽然初见，情分先熟。

炉烟淡淡云屏曲。

睡半醒、生香透肉。

赖得相逢，若还虚过，生世不足。

——周邦彦《玉团儿》

宋代女性化妆，是从用粉将面部涂白开始。

常见的化妆粉多是铅粉，是用铅、锡、水银等
烧炼而成的白色粉末，在宋人眼中，它原是炼丹术
的副产品[①]，又美称为"雪丹"或"丹雪"，如晏
几道《菩萨蛮》词："香莲烛下匀丹雪，妆成笑弄
金阶月。娇面胜芙蓉，脸治天与红。"铅粉洁白细
腻，便于涂抹，因此流行广泛且持久。宋人甚至用
"铅华"来指代化妆，宋词中有"铅华淡淡妆成"
（司马光《西江月》）、"铅华淡伫新妆束"（周
邦彦《玉团儿》）。安徽六安花石嘴古墓中出土一
件银粉盒，其中残存的化妆粉经科学检验，便是成
分以白铅矿为主的铅粉。[②]

但这类化妆粉是以对人体有害的矿物制作，长
期使用反而会让面部黯淡呈青黑色，并不算女子妆
奁中理想的选择。于是当时人试图通过特殊加工以
减轻铅粉的毒性。陈元靓《事林广记》中记载一则
"法制胡粉"，是将铅粉放入空蛋壳，通过加热让
铅毒转移到蛋壳之中，如此反复多次，当时认为能
够获得更为安全的妆粉。[③]

此外，又有各种完全不含铅粉的植物粉——或
是以粱米研磨制成的米粉，或是花卉植物茎干果实
研制的花粉。这类粉还可进一步用芳香花卉熏过，
如南宋女词人吴文英《醉蓬莱》一词中有"冰销粉
汗，南花熏透"句，熏粉所用的"南花"，大约便

① 北宋·叶廷珪《海录碎事》引
《二仪录》："秦穆公弄玉感萧史，
降于宫掖，与穆公炼雪丹。第一转与
弄玉涂之，名曰粉，今水银粉。"

② 王振东，毛正伟等．花石嘴元
墓出土化妆品的初步研究[J]．岩矿
测试，2008，(4)．

③ 南宋·陈元靓《事林广记》记
"法制胡粉"配方：胡粉不拘多少。
以鸡子一个，开窍子，去清，黄令尽，
以填胡粉，向内令满，以纸泥口，于
饭甑上蒸之。候黑气透鸡子壳外，即
别换，更蒸，候黑气去尽。取明搽，
经宿，永无青黑色，且是光泽。

▲

盛铅粉的小银盒

安徽六安花石嘴古墓出土

① 南宋·陈元靓《事林广记》记"玉女桃花粉"配方：益母草……端午间采晒，烧灰用稠浆饮，搜团如鹅卵大，熟炭火煅一伏时，火勿令焰，取出捣碎再搜炼两次。每十两别烦石膏二两，滑石、蚌粉各一两，胭脂一钱，共碎为末，同壳麝一枚入器收之，能去风刺，滑肌肉，消瘢黯，驻姿容，甚妙。

② 南宋·陈元靓《事林广记》记"唐宫迎蝶粉"配方：粟米随多少，淘淅如法，频易水浣、浸，取十分清洁。倾顿瓷体内，令水高寸许，以用绵盖钵面，隔去尘汙，向烈日中曝干。研为细粉，每水调少许，着器内。随意摘花，采粉覆盖熏之。人能除游风，去瘢黯。

③ Yu, ZR, Wang XD, Su BM, et al. First Evidence Of The Use Of Freshwater Pearls As A Cosmetic In Ancient China: Analysis Of White Makeup Powder From A Northern Song Dynasty Lv Tomb (Lantian, Shaanxi Province, China)[J]. Archaeometry, 2016, 59(4).

④ 福建省博物馆. 福州南宋黄昇墓[M]. 北京: 文物出版社, 1982. 经光谱分析可知，粉饼所含的元素主要为钙、硅、镁，还有微量的铅、铁、锰、铝、银、铜等。一般认为，珍珠中微量化学元素的含量和其生长环境密切相关，海水珍珠生长的咸水水域具有弱还原性，容易富集硅、钠、镁等元素；淡水珍珠生长的淡水水域具有氧化性，造成前述元素相对欠缺，而锰元素相对富集。

⑤ 粉扑上的残粉经过检验，主要成分为二氧化硅，与妆奁中盛装的粉饼不同，大约是一种滑石粉。

是当时来自南方的素馨、茉莉等花卉。《事林广记》中也记载有多种当时流行的高级复合化妆粉配方：一种"玉女桃花粉"①，以益母草灰与石膏、滑石、蚌粉、壳麝、胭脂等调配；一种"唐宫迎蝶粉"②，以清洁的粟米粉与芳香花卉同置，熏蒸沾染香气即成。这类妆粉较铅粉温和，当时人甚至宣传其可以起到祛瘢疮、护肤的效用。

在各种民间文献记载之外，宋代贵族女性的妆奁中还有一类更为奢侈珍贵的高级化妆粉，系以珍珠磨制再调和香料的复合粉。其所使用的珍珠还可细分为淡水珠与海水珠。陕西蓝田宋丞相吕大防孙女吕倩容之墓中曾出土一件盛有白色化妆粉的青瓷小盒，经科学分析，确认盒中所盛是以淡水珍珠研磨加工制成的珍珠粉。③福州宋代黄昇墓中也出土了二十块小粉饼，每块直径不过三厘米左右，是在特制的模子中压印而成，轮廓呈圆形、方形、花形，面上压印出各样四季花卉，极细致精巧。由粉饼的元素分析可知，这些妆粉大约是海蚌壳或海水珍珠所研的珍珠粉调和香料而成。④

关于当时妆粉的具体使用方式，考古发掘所见的各类文物也提供了线索。如江西德安南宋周氏墓出土的银粉盒：一件内部盛满白粉，内附一个银片打制的荷叶纹小勺。小勺可将结块的粉饼敲碎、切割，取出供一次梳妆所需的量，与香水、香料、脂膏等调和，最后用一块丝绵粉扑拍在脸上。

黄昇墓中出土的一块粉扑更加精致，面为丝绵制作，背上则以一片片丝罗缀作一朵盛开的繁花。这块粉扑出土时还沾有粉渍，显是墓主生前的实用物⑤。宋人将这类粉扑称作"香绵"，如"却寻霜粉扑香绵"。（周紫芝《鹧鸪天》）

印花小粉饼与花形丝绵粉扑

福建福州南宋淳祐三年 (1243年) 黄昇墓出土

银粉盒（内分别附有丝绵粉扑、荷叶纹小银勺）

江西德安南宋周氏墓出土

胭脂

海棠珠缀一重重。

清晓近帘栊。

胭脂谁与匀淡，偏向脸边浓。

看叶嫩，惜花红。

意无穷。

如花似叶，岁岁年年，共占春风。

——晏殊《诉衷情令》

① 宋·罗愿《尔雅翼》：今中国谓"红蓝"，或只谓之"红花"。大抵三月初种花，出时，日日乘凉摘取之，每顷一日须百人摘。五月种晚花，七月中摘，深色鲜明，耐久不黦，胜于春种者。花生时，但作黄色茸茸然，故又一名"黄蓝"。杵碓水淘，绞取黄汁，更捣以清酸粟浆淘之，绞如初，即收取染红。然后更捣而暴之，以染红色，极鲜明。……今则盛种而多染，谓之"真红"，赛苏方木所染。

与白色妆粉搭配使用的，还有红紫色系的胭脂。

凡是含有红色素的花卉，都可提取汁液制作胭脂。其中以传统的、从红蓝花中提取的红色最为主流——红蓝花生长时呈黄色或橙色，需要反复精细加工，绞去黄色汁液后，收取余下的红色部分。这种红色极鲜明，在宋代被称作"真红"。①

宋人罗愿的《尔雅翼》在记述红蓝花的同时，也提到了当时红花提取好后的两种胭脂制法："又为妇人妆色，以绵染之，圆径三寸许，号绵燕支。又小薄为花片，名金花烟支，特宜妆色。"所谓"绵胭脂"，是浸染在成张的丝绵薄片上，使用时取一张绵片蘸取红色即可。宋人的低吟浅唱中已有其踪影："胭脂匀罢紫绵香"（晁端礼《浣溪沙》）、"香绵轻拂胭脂"（张元干《春光好》）。一则宋人轶事中也提到了绵胭脂：北宋名臣范仲淹在京城购买了绵胭脂，赠与他所爱的一位身处鄱阳的乐伎。随绵胭脂一道寄去的还有诗一首："江南有美人，别后长相忆。何以慰相思，赠汝好颜色。"[①]这般"好颜色"的实物，同样见于江西德安南宋周氏墓中——一块浸满胭脂的丝罗，出土时盛在一个菱花形银质小妆盘之中，其上还有一痕指印，显是周氏生前曾拈起使用过的。至于另一种"金花胭脂"，则是更为纯粹昂贵的高档品，直接将红花提炼所得的红泥压作薄片，剪作小花形，使用时取一小片，稍浸脂粉调和，便能得到适宜的红色。

因女性对胭脂的需求颇大，北宋宫廷内侍省"掌造禁中及皇属婚娶名物"的"后苑造作所"中，专门设有"绵胭脂作"与"胭脂作"，是制作

① 宋·姚宽《西溪丛话》：公守鄱阳，喜乐籍，未几召还到京，以绵胭脂寄其人。题诗"……"，至今墨迹在鄱阳士大夫家。

◀

银妆盘（内盛一块绵胭脂）
江西德安南宋周氏墓出土

胭脂的作坊，用以供应皇亲贵戚女眷使用。^①南宋时民间也已产生了专营胭脂的店铺，如吴自牧《梦粱录》"铺席"条记录"杭城市肆名家有名者"，其中列有位于修义坊北的"张古老胭脂铺"与位于官巷北的"染红王家胭脂铺"，正是当时售卖胭脂的名店。

此外，大约在南宋至元以来，出现了一种"胭脂粉"，如元杂剧《王月英元夜留鞋记》楔子："小娘子祗揖，有胭脂粉，我买几两呢。"区别于片状的胭脂，这是一种染成红色的妆粉，染红的材料除了植物胭脂，也可使用朱砂、银朱、密陀僧之类的矿物颜料。南宋墓葬出土的妆奁中粉盒往往不止一件，大约正是为基础的白色妆粉和色泽不同的红色胭脂粉而分设。元代《居家必用事类全集》中"闺阁事宜"一节记有多样调和妆粉的方法，"常用和粉方"便分列基础的白妆粉与掺入朱砂的红妆粉、此外又有白色的"鸡子粉"、红色的"麝香十和粉方""利汗红粉方"等。

附2：宋代流行妆面举例

醉妆

【醉妆】

一种在两腮浓施胭脂，但留白额部、鼻梁、下巴等处的妆样。孙光宪《北梦琐言》："（蜀王衍）宫人皆衣道服，簪莲花冠，施胭脂夹脸，号'醉妆'。"

红妆

【红妆】

面部施以朱粉、较为秾丽的妆容。欧阳修《阮郎归》："玉肌花脸柳腰肢。红妆浅黛眉。"米芾《醉太平》："高梳髻鸦。浓妆脸霞。"贺铸《减字木兰花》："鸾镜佳人。得得浓妆样样新。"

淡妆

【淡妆】

浅浅傅粉、以纤秀清丽为主的妆容。司马光《西江月》："宝髻松松绾就，铅华淡淡妆成。"辛弃疾《眼儿媚》："淡妆娇面，轻注朱唇，一朵梅花。"杨皇后《宫词》："好生躬俭超千古，风化宫嫔只淡妆。"

泪妆

【泪妆】

在眼角处略施脂粉的妆容，像哭泣过后含着愁绪。张耒《赠人》："泪妆更看薄胭脂。"《武林旧事》卷三："妇人泪妆素衣。"《宋史·五行志》："（宫妃）粉点眼角，名'泪妆'"

🌸 描眉

柳街灯市好花多。

尽让美琼娥。

万娇千媚，的的在层波。

取次梳妆，自有天然态，爱浅画双蛾。

断肠最是金闺客，空怜爱、奈伊何。

洞房咫尺，无计枉朝珂。

有意怜才，每遇行云处，幸时恁相过。

——柳永《西施》

① 五代宋初·陶谷《清异录》：自
昭、哀来，不用青黛扫拂，皆以善
墨火煨染指，号薰墨变相。

② 南宋·朱翌《猗觉寮杂记》：今
妇人削去眉，画以墨。盖古法也。
又南宋·赵彦卫《云麓漫钞》：前
代妇人以黛画眉，故见于诗词，皆云
"眉黛远山"。今人不用黛而用墨。

自唐末始，女性画眉基本不再使用以往流行的青
黑色黛石，转为使用人工制作的漆黑色墨块。①宋朝
仍继承着这一时尚，女子先削去天生的眉毛，再以墨
重画上一双心仪的眉样。②

画眉用墨，可以是直接移用书写之墨。士大夫
家族用墨，更多是名家专法所制，墨块上钤印专名。

九华朱觐墨

安徽合肥北宋马绍庭夫妇墓出土

叶茂实制"寸玉"墨

江苏常州武进村前乡南宋墓四号墓出土

如安徽合肥北宋马绍庭夫妇墓出土"歙州黄山张谷男处厚墨""九华朱觐墨"各一锭，其中朱觐墨似油烟墨，原是随葬于夫人吕氏棺中①；江苏常州武进村前乡南宋墓四号墓也出土了叶茂实制"寸玉"墨一锭。②

这类精制墨锭系以桐烟或松烟调胶，混合各样珍异药材、香料而成，若女子用以画眉，眉也带有淡淡香味，便是宋词中所谓"香墨弯弯画"（秦观《南歌子》）；甚至后世还有金章宗令后宫以北宋张遇所制、名贵的"麝香小龙团"墨来画眉的传说（明·周嘉胄《香乘》）。

南宋时代，也出现了专供女子画眉的特制墨，名为"画眉七香丸"。周密《武林旧事》记南宋都城临安特有的"小经纪"而"他处所无者"，便有"画眉七香丸"，这大约是一种混合了七种香料的画眉墨丸。

若是农家女子难以买到都会中生产的画眉墨，也可以点起油灯，收集油烟自制画眉墨，如南宋时有诗称"画眉无墨把灯烧，岂识宫妆与翠翘"（华岳《田家十绝》）。在南宋的实用工具书《事林广记》中，恰列有一项"画眉集香圆"的具体制法③，它应是"画眉七香丸"的低配版本：选用日常生活中常见的芝麻油与灯芯作主要材料，将多条灯芯搓为一股，放入麻油灯碗内点燃，上扣一个小容器收集燃起的油烟，随时将油烟扫下收集，再用龙脑、

① 胡东波．合肥出土宋墨考[J]．文物，1991，(3)．元·陆友《墨史》：朱觐，九华人，善用胶作软剂，出光墨。滕元发作郡日，令其手制，铭曰"爱山堂造"者最佳。

② 元·陆友《墨史》：叶茂实，太末人，善制墨。周公瑾言其先君明叔佐郡日，尝令茂实造软帐，烟尤轻远。其法用暖阁幂之，以纸帐约高八九尺，其下用盈贮油，炷灯烟直至顶。其胶法甚奇，内紫矿、秦皮、木贼草、当归、脑子之类，皆治胶之药。盖胶不治则滞而不清，故其墨虽经久或色差淡，而无胶滞之患。

③ 南宋·陈元靓《事林广记》中所记"画眉集香圆"配方：真麻油一盏，多着灯心搓紧，将油盏置器水中，焚之，覆以小器，令烟凝上，随时扫下。预于三日前用脑、麝别浸少油，倾入烟中，调匀，黑可逾漆。一法：旋剪麻油灯花，用，尤佳。

麝香等香料调油，与油烟混合调匀，制作出球丸。书中称其画眉的效果比乌漆还黑。若实在想省却这些工序，甚至还可以直接剪下灯火中烧焦的灯芯画眉。

画眉的油墨若是未干就容易沾染，当时甚至因此有了一种特别的寄情方式——女子将未干的眉痕印在丝绢上，寄与思念的情郎。北宋时欧阳修有词《玉楼春》一首，专写"印眉"：

半辐霜绡亲手剪。
香染青蛾和泪卷。
画时横接媚霞长，印处双沾愁黛浅。
当时付我情何限。
欲使妆痕长在眼。
一回忆著一拈看，便似花前重见面。

金人蔡珪亦有《画眉曲》：
小阁新裁寄远书，书成欲遣更踟蹰。
黛痕试与双双印，封入云笺认得无。

附3：宋代典型眉式一览

需注意的是，以下的名称与眉式对照，都是顾名思义的推测。

【小山眉】

又名"远山眉"，眉形取意于水墨画中的一脉远山，眉峰分明，眉山脚下略略晕开，如笼罩云烟。这原是五代宫中女性爱画的眉式之一（前蜀人顾夐《遐方怨》："嫩红双脸似花明，两条眉黛远山横。"），由一个名为窦季明的宦官自宫中传出，在北宋立国后依旧流行不减。柳永《少年游》："层波潋滟远山横，一笑一倾城。"晁端礼《菩萨蛮》："远山眉映横波脸。脸波横映眉山远。"

【开元御爱眉】

原于盛唐开元年间流行，是唐玄宗所喜爱的眉式，为连娟细长的弯眉。五代宫廷之中尚存，流行延续至北宋前期。

【月棱眉】

形如一钩初升新月，上端轮廓分明，下端晕染开来。王周《采桑女》："谁夸罗绮丛，新画学月眉。"北宋中期的流行眉式较长而眉距短，此后在诗词中则多将弯而窄的眉称作"月眉"。

【倒晕眉】

北宋中期的流行眉式，形态与月棱眉相反，下端轮廓分明，上端晕染开来。因眉距极端，几乎相连，又称"倒晕连眉"。仁宗朝时流行于宫中，神宗朝熙宁年间已遍及民间。晏几道《蝶恋花》："倒晕工夫，画得宫眉巧。"苏轼《常润道中，有怀钱塘，寄述古》："剩看新翻眉倒晕，未应泣别脸消红。"又《次韵答舒教授观余所藏墨》："倒晕连眉秀岭浮，双鸦画鬓香云委。"

【蛾眉】

所谓"蛾眉"，起源颇古，既可以作为女性眉式的泛称、美称，又可以指一种具体的眉式。后者形如飞蛾的触须。潘阆《宫词》："学画蛾眉独出群，当时人道便承恩。"

【涵烟眉】

描绘极淡薄、朦胧如烟影的眉式。流行于北宋中后期。赵鼎臣《无题》："拂眉烟度柳，梳鬓月侵云。"李若水《次韵倪巨济诗换怪石》："纷纷儿辈只轻肥，不爱笼烟小黛眉。"

【叶眉】

取意于柳叶，叶柄细长，叶片稍宽，又名"柳眉"。从北宋中后期一直流行至南宋，变得愈加纤细。晏几道《浣溪沙》："妆镜巧眉偷叶样，歌楼妍曲借枝名。"周邦彦《蝶恋花》："小叶尖新，未放双眉秀。"

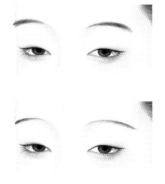

【纤眉】

北宋后期，女性再度流行起纤细的眉式。徽宗《宫词》："浅拂胭脂轻傅粉，弯弯纤细黛眉长。"赵长卿《瑞鹧鸪》："扰扰亲曾撩绿鬟，纤纤巧与画新眉。"

【八字眉】

在北宋后期复兴的传统眉式，直到南宋依旧流行。形如颦眉悲啼一般，又名"啼眉""愁眉"。周邦彦《蝶恋花》："愁入眉痕添秀美。无限柔情，分付西流水。"周紫芝《于潜道中戏作》："徐娘虽老风流在，学得啼眉时世妆。"魏鹏《闺情》："红绫拭镜照窗纱，画就双眉八字斜。"

【拂云眉】

又名"横烟眉""横云眉"。眉头尖细，眉尾横向拂宽，是南宋流行的眉样，自宫中传出。蒋捷《贺新郎》："待把宫眉横云样，描上生绡画幅。怕不是、新来妆束。"

【垂珠眉】

南宋中后期流行的眉式。形为细眉尾部压一颗圆珠，可能是用来搭配当时流行的"泪妆"。陆淞《瑞鹤仙》："但眉峰压翠，泪珠弹粉。"

【分梢眉】

南宋中后期出现的眉式，纤细长眉的眉尾另画出两点小小的分梢。陈允平《小重山》："眉尖愁两点，倩谁描。"

【线眉】

细长如线的眉式，流行于南宋后期。可能仿效
自当时流行的佛教传说人物"卢眉娘"，传说其"眉
如线且长"。

点唇

晓妆初过，沉檀轻注些儿个。

向人微露丁香颗，

一曲清歌，暂引樱桃破。

罗袖裛残殷色可，

杯深旋被香醪涴。

绣床斜凭娇无那，

烂嚼红茸，笑向檀郎唾。

——李煜《一斛珠》

宋代女子绘唇妆的方式和前代相比，并未有太大变化。她们在绘饰粉妆时，往往将嘴唇部位一并涂去，再另行点画唇妆。这时供唇妆所用的妆品大体可分为两类：

一类仍延续着唐朝时的做法，使用红花、紫草、朱砂等提取颜色，调和蜡、胶与香料，制作出固体膏状的"口脂"或"唇膏"，盛装在小盒或小管中，使用时只需以指尖挑起一点，就能点注于唇上，绘出心仪的唇形。宋词中多见这类描写，如"浓香别注唇膏点"（王安中《蝶恋花》）、"私语口脂香"（周邦彦《意难忘》）、"面药香融傅口脂"（赵长卿《瑞鹧鸪》）。及至元代，则多称其为"蜡胭脂"，如元杂剧《两世姻缘》中有一曲《后庭花》唱道："点胭脂红蜡冷，整花朵心偏耐。"从情境上看，自然是点唇。

另一类则直接使用现成的胭脂，在脸上匀胭脂后，便可顺带点注唇色。这类做法也见于当时诗词，如"檀唇深注胭脂紫"（华镇《食樱桃思越中风俗》）、"粉面朱唇，一半点胭脂"（辛弃疾《江城子》）。

附4：宋代典型唇式一览

【珠唇／樱唇】

唇上只一点或半点红，形态如珠如樱桃。张先《师师令》："不须回扇障清歌，唇一点、小于朱蕊。"晏几道《阮郎归》："舞腰浮动绿云秾，樱唇半点红。"华岳《忆江南》："螺髻松松沾玉润，樱唇浅浅印珠红。"白玉蟾《不赴宴赠丘妓》："樱唇一点弄娇红。"

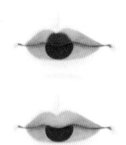

【深注唇／檀唇】

以深色口脂点染的唇色，往往与红妆相配。欧阳修《南乡子》："好个人人，深点唇儿淡抹腮。"苏轼《江城子》："腻红匀脸衬檀唇。"苏轼《成伯席上赠所出妓川人杨姐》："坐来真个好相宜，深注唇儿浅画眉。"赵师侠《朝中措》："铅华淡薄，轻匀桃脸，深注樱唇。"

【半注唇】

一种见于宋代壁画中的唇式，唇色上浅下深。申纯《玉楼春》："低眉敛翠不胜春，娇转樱唇红半吐。"

【浅注唇】

与浅淡面妆相适应，唇妆也多配以轻淡的颜色。贺铸《蝶恋花》："眉晕半深唇注浅。"辛弃疾《鹧鸪天》："玉人好把新妆样，淡画眉儿浅注唇。"

面花

珠帘绣幕卷轻霜。

呵手试梅妆。

都缘自有离恨，故画作，远山长。

思往事，惜流光，恨难忘。

未歌先敛，欲笑还颦，最断人肠。

——黄庭坚《诉衷情》

眉间的花子、脸畔的斜红、嘴角的面靥，在唐朝都是女性面上妆饰的重点，既可用颜料绘制花样，又可另贴绢纸翠羽、金珠宝石制成的小花钿。前者在晚唐以来就已少见，后者则持续流行到了宋代，宋人往往笼统称之为"面花"。

在两宋宫廷之中，面花甚至已逐渐升格为一种命妇礼服的配套定制。这是一种特制的珠翠面花，在点翠底座上缀饰珍珠连成花样，供盛装的后妃女官们贴饰在眉心、脸颊、双靥上。

① 南宋·陈敬《香谱》中"熟脑面花"制法：取脑已净，其杉板谓之"脑本"，与锯屑同捣碎，和置瓷碗内，以笠覆之，封其缝，热灰煨煏，其气飞上，凝结而成块，谓之"熟脑"，可做面花、耳环、佩带等用。

② 南宋·陈敬《香谱》中"假蔷薇面花"制法：甘松、檀香、零陵、丁香各一两，霍香叶、黄丹、白芷、香墨、茴香各一钱，脑麝为衣。右为细末，以熟蜜和拌，稀稠得所，随意脱花，用如常法。

而在民间，面花的材质更在不断推陈出新，依旧广受欢迎。先后有以黑光纸、鱼腮骨、金翠珠宝、琉璃等制作的面花。周密《武林旧事》罗列南宋都城临安特有的"小经纪"时，也列有一项"面花儿"，可见面花仍为都会仕女所爱。

因着香道兴盛，当时甚至出现了直接以香料制作的面花。北宋时已见宋词中有"香靥融春雪"（柳永《促拍满路花》）、"盈盈笑动笼香靥"（张先《踏莎行》）等语，之后南宋人陈敬《香谱》中详细记载了"熟脑面花"①"假蔷薇面花"②两种"香靥"的具体制法，大抵都是调和了各样珍贵香料，再压印为小花形来贴面。

要将各式面花贴于面部，需要使用粘贴的胶类。

附5：宋代面花式样举例

【珠翠面花】

等级最高的花钿，多为后妃女官宫人盛装所配。

珠翠面花

【金靥】

五代宋初的奢侈妆饰，以金箔剪出花形装饰面部。

金靥

【黑光靥／鱼媚子】

流行于北宋初年，用黑光纸剪出圆靥，或以鱼腮骨镂刻出花形，用以装饰面部。《宋史·五行志》："淳化三年，京师里巷妇人竞剪黑光纸团靥，又装镂鱼腮中骨，号'鱼媚子'，以饰面。"

黑光靥／鱼媚子

【梅妆】

传说面靥最初是落梅印在脸上所形成，至宋代仍流行在额间点上梅花形的面花。

梅妆

【琉璃面花】

南宋中后期，随着琉璃首饰的流行，面花也流行起琉璃式样。

琉璃面花

宫黄

谁将击碎珊瑚玉。装上交枝粟。

恰如娇小万琼妃。涂罢额黄、嫌怕污燕支。

夜深未觉清香绝。风露落溶月。

满身花影弄凄凉。无限月和风露、一齐香。

——范成大《虞美人》

在宋代宫中，还维持着一种古老的上妆方
式——在眉间额际涂饰黄粉，称作"额黄"。偶见
于文人吟咏，仍称此为"宫样"或"宫黄"，如"侵
晨浅约宫黄"（周邦彦《瑞龙吟》）、"腮粉额黄
宫样画"（郭仲循《玉楼春》）。具体推想，这类
黄粉大约类似于如今化妆的"阴影色"，用以进一
步修饰额部的轮廓。

特别篇

寿酒同斟喜有馀，
朱颜却对白髭须。
两人百岁恰乘除。

婚嫁剩添儿女拜，
平安频拆外家书。
年年堂上寿星图。

——辛弃疾《浣溪沙·寿内子》

新娘

宋朝的婚嫁之服

两宋的服饰制度一体相承，不过就目前所见的历史文献记载和出土服饰文物来看，仍是以南宋时期的较为丰富。因此在这里图中呈现的是南宋时期官宦之家的新娘形象。

一场南宋临安城中的婚姻，并非只是现代人对古人刻板理解的"盲婚哑嫁"包办婚姻，风气仍是较为开明的。经媒人说亲、男女双方长辈同意后，不会直接选定吉日成婚，其间还有一次男女当事人双方"相亲"的程序。①由男家择日备好酒礼，宴请女家。宴上两亲相见，若两位新人彼此满意，男方就可以给未来的新娘头上插上一枚金钗——"插钗"过后，才算定下姻缘。若新人不满意，婚事不成，男方要赠送女方彩缎二匹，称作"压惊"。②

到了婚事议定，准备聘礼的阶段。新人的衣装就需要准备起来了。新娘的诸般首饰衣裳，均是由未来的夫家准备。③首先，富贵之家应当准备"三金"作为聘礼。所谓"三金"，指三件新娘最重要的首饰，"金钏、金镯（zhuó）、金帔坠者是也"。

① 南宋·吴自牧《梦粱录》：然后男家择日备酒礼诣女家，或借园圃，或湖舫内，两亲相见，谓之"相亲"。

② "插钗"延续的仍是北宋汴京旧俗。不过在北宋时则是由男方亲人或媒婆相看新娘，男女双方并不见面。南宋·孟元老《东京梦华录》：若相媳妇，即男家亲人或婆往女家看中，即以钗子插冠中，谓之"插钗子"；或不入意，即留一两端彩段与之压惊，则此亲不谐矣。

③《梦粱录》：且论聘礼，富贵之家当备三金送之，则金钏、金镯、金帔坠者是也。若铺席宅舍，或无金器，以银镀代之。否则贫富不同，亦从其便，此无定法耳。更言士宦，亦送销金大袖，黄罗销金裙，缎红长裙，或红素罗大袖缎亦得。珠翠特髻，珠翠团冠，四时冠花，珠翠排环等首饰。

金钏即金手镯，金锃即金戒指，这两项都是古来习见的首饰。而"金帔坠"，是宋朝以来配合"霞帔"而产生的新式样，仅有官宦之家的女子可以使用。若是一般人家无力赠送金器，也可用镀金的银器替代。接着，是新娘出嫁时用的首饰衣裳。仕宦之家所备，先有"销金大袖，黄罗销金裙，红长裙"，首饰有"珠翠特髻、珠翠团冠、四时冠花、珠翠排环"等。一般人家也可以从便略减，如"销金大袖"可换成"红素罗大袖"。婚礼之前三日，还有"催妆花髻、销金盖头"等，也是新娘装束的组成部分。

同时，女家也应为新郎准备礼服。一套礼服由幞头、绿袍（借穿当时六品到九品官员所用的绿色公服）、靴、笏等物构成。除此之外，当时的男子间也流行着戴花的习俗，因此还需准备金银双胜、御罗花等小饰物供新郎在幞头上插戴。

讲到这里，可以试着想象大约八百年前的一场婚礼——在南宋临安城中的某处官宦之家，新郎刚将新娘亲迎归家。头饰花胜、身着官服、披挂彩帛的新郎正以一条挽作同心结的长巾引着头蒙销金盖头、身着盛装的新娘来到父母堂前。新娘身着乾红销金大袖、黄罗销金长裙，肩挂坠有金坠子的霞帔。等到男家的双全女亲以秤杆或机杼挑开新娘的盖头，进而可见到她的发上也插金钗、簪四时花卉，戴着珠翠特髻或团冠。

后妃公主的礼服

① 这里结合了《宋史·舆服志》《建炎以来朝野杂记》及宋人《师友谈记》《武林旧事》等笔记中的记载。

宋高宗皇后像
台北故宫博物院藏

　　提到礼服，这里先从记载最为详细、规定也较稳定的皇后衣物讲起。场合越正式，需要穿着的服装也越多。结合各种历史文献^①，可以将一位宋朝皇后应用于各种场合的衣装列如表1。

表1　一位宋朝皇后的衣装

礼服	首饰花一十二株，小花如大花之数，并两博鬓。冠饰以九龙四凤	祎衣，深青织成，翟文赤质，五色十二等。青纱中单，黼领，罗縠褾襈，蔽膝随裳色，以緅为领缘，用翟为章，三等。大带随衣色，朱里，纰其外，上以朱锦，下以绿锦，纽约用青组，革带以青衣之，白玉双佩，黑组，双大绶，小绶三，间施玉环三，青韈、舄，舄加金饰。受册、朝谒景灵宫服之
		朱衣、礼衣（此两者记载不详）；鞠衣，黄罗为之，蔽膝、大带、革舄随衣色，余同祎衣，唯无翟文，亲蚕服之。（北宋制，南宋仅礼衣）
常服	龙凤珠翠冠	真红罗大袖（真红罗生色领子）、真红罗长裙、真红罗霞帔（药玉坠子）
半常服	白角团冠或镂金云月冠，前后惟白玉龙簪	真红罗背子（真红色领子）、黄背子（衣无华彩）
居家服	冠子或特髻	黄纱衫子（明黄生色领子）、粉红纱衫子（粉红生色领子）、熟白纱裆裤、白绢衬衣、粉红纱抹胸、明黄纱裙子、真红罗裹肚、粉红纱短衫子

　　需要注意的是，表中条目包含了从内到外的一整套服装。如礼服"祎衣"中也会衬穿常服的"大袖"、半常服"背子"和作为内衣的日常衣衫。各层级服装是层层递减的状态。

　　皇后最高级的礼服称作"祎衣"。在高级妃嫔受封号、公主出嫁等情形，也会穿用在此基础上略作减等的"褕翟衣"。式样均为大袖、交领，搭配大带、革带、玉佩等构件。《宋史·嘉礼》记载北宋徽宗亲自制定公主冠礼制度，需要依次穿上"裙背""大袖长裙""褕翟之衣"三等服装。南宋·周密《武林旧事》卷二《公主下降》中宋理宗之女时周汉国公主出嫁的服装，基本式样同于皇后的礼服，

附加的奢华装饰也符合一位公主的身份:

真珠九翚四凤冠、褕翟衣一副、真珠玉佩一副、
金革带一条、玉龙冠、绶玉环、北珠冠花篦环、七
宝冠花篦环、真珠大衣背子、真珠翠领四时衣服。

次一等的常服,则是"大袖长裙"。这里所说
的"常服",并不是指日常服装,而是区别于在国
家重大典礼时穿着的"礼服",作为运用于各种其
他礼仪场合的正式服装。

大袖或称"大衫""大衣",源于晚唐时期女
性流行的时尚衣装"披衫",式样为对襟、长身、
大袖。在宋朝时才逐渐被升格为较为正式的礼服。
霞帔,源于唐代女子流行围绕在领肩上的帔帛。只
是帔帛轻盈飘柔,代表着日常衣装的平易近人;而
霞帔却代表着隆重的礼仪服装制度,两折装饰精美
的长带平展地挂于肩上,垂在身前身后,与唐代的
帔帛区别已经非常明显。为了让霞帔能够平展地下
垂,使穿着者仪态更加庄重,在身前的霞帔之下,
还会挂上一枚金质或玉质的坠子来压脚。

大衫霞帔的制度,应是从宋朝的宫廷开始。如
《宋史·舆服志》记载:

常服:后妃,大袖、生色领、长裙、霞帔、玉
坠子。

《建炎以来朝野杂记·拾遗》引用"干道邸报
临安府浙漕司所进成恭后御衣衣目"(成恭皇后即
南宋孝宗赵昚第二任皇后夏氏),详细记录了皇后

常服的具体条目：

真红罗大袖（真红罗生色领子）、真红罗长裙、真红罗霞帔（药玉坠子）；真红罗背子（真红色领子）、黄纱衫子（明黄生色领子）、粉红纱衫子（粉红生色领子）、熟白纱裆裤、白绢衬衣、明黄纱裙子、粉红纱抹胸、真红罗裹肚、粉红纱短衫子。

再次一等的"背子"，则可以作为一种半正式场合下的正装。如北宋时李廌《师友谈记》描述宫中御宴的情景：

"皇后、皇太后皆白角团冠，前后惟白玉龙簪而已。衣黄背子衣，无华彩。太妃及中宫皆镂金云月冠，前后亦白玉龙簪，而饰以北珠，衣红背子，皆以珠为饰。"

至于穿在最内层的，是各种日常衣物，包括抹胸、裹肚、衫子、裆裤、裙子等在内的四时衣装，和民间女性所穿差异不大。

官眷百姓的礼服

到了官宦之家甚至庶民阶层，就没有了"袆衣"或"翟衣"。宫廷之中的常服"大袖"成为最高格的礼服。

随着舆服制度限制的松散、朝廷相应管理的缺乏，作为正式礼服的大衫在宋朝的运用，可以说要比高等级的翟衣等大礼服广泛得多，上至皇后，下至倡优，都存在使用大衫的情形。官民家眷礼服的主要区别在于是否会使用到霞帔。

官员家眷有资格使用霞帔。如福建南宋黄昇墓与江西德安周氏墓，均出土有完整的大衫、霞帔实物。大衫形制较为特色的是，在身后衣片上缝缀了一块三角形兜子，用以盛装霞帔的尾端。霞帔的两条绣满花纹的长带，从大衫背后下摆底部的兜子开始向上延伸，绕过双肩后垂下，交汇成一个尖角，下坠一枚圆形、心形或水滴形的坠子。当时霞帔坠子高等的用玉，普通的用金银；但还没有形成严格的制度，纹饰式样都很丰富。

至于民间女子，在穿着大衫时并不搭配霞帔，而是使用一种"直帔"或"横帔"。

这在宋人记录中反映得很明确。如朱熹《朱子语类》："命妇只有横帔、直帔之异尔。"《令人罗氏墓表》："常所服礼衣横帔，如民间法。"高承《事物纪原》："今代帔有二等，霞帔非恩赐不得服，为妇人之命服；而直帔通用于民间也。"由于文物资料缺乏，"直帔"（横帔）的形象相较"霞帔"而言更加难以确证。如今对照宋人画作与俑像来看，应当仍是继承了唐代流行的帔帛式样。"横"与"直"则属于一物二名："横帔"，就其区别于霞帔竖垂的状态；"直帔"，就其区别于霞帔两折的状态。

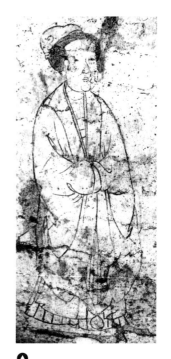

▲
穿大衫霞帔的女性
福建松溪乡山元墓壁画

▲
穿大衫横帔的民间女性
河南登封唐庄宋墓壁画

穿大衫横帔的民间女性

元·程棨摹楼璹《蚕织图》局部，美国赛克勒美术馆藏

表2　宋朝各阶层女性的礼服

穿着者身份／服装层次	公主降嫁	官宦之家娶妇嫁女	民间婚嫁
第一层（日常服装）	真珠翠领四时衣服	四时衣服（包括抹胸、裹肚、衫子、裆裤、裙子等）	
第二层（半正式服装）	真珠背子		
第三层（常服）	真珠大衣	背子	
第四层（礼服）	真珠九翟四凤冠、褕翟衣等	大衣、霞帔	大衣、直帔

参考文献

古籍

[1] [宋] 薛居正，等 . 旧五代史 [M]. 北京：中华书局，2015.

[2] [元] 脱脱，等 . 宋史 [M]. 北京：中华书局，1977.

[3] [元] 脱脱，等 . 金史 [M]. 北京：中华书局，1975.

[4] [金] 宇文懋昭 . 大金国志 [M]. 扫叶山房本 .

[5] [宋] 徐梦莘 . 三朝北盟会编 [M]. 上海：上海古籍出版社，2019.

[6] [宋] 李心传 . 建炎以来系年要录 [M]. 上海：上海古籍出版社，2018.

[7] [宋] 李心传 . 建炎以来朝野杂记 [M]. 北京：中华书局，2000.

[8] [宋] 李焘 . 续资治通鉴长编 [M]. 中华书局，1978.

[9] [清] 徐松 . 宋会要辑稿 15[M]. 上海：上海古籍出版社，2014.

[10] [宋] 司马光 . 书仪 [M]. 国家图书馆藏本 .

[11] [宋] 黎靖德 . 朱子语类 [M]. 北京：中华书局，1986.

[12] [宋] 孟元老，等 . 东京梦华录（外四种）[M]. 北京：中华书局，1962.

[13] [宋] 周密 . 武林旧事 [M]. 北京：中华书局，2007.

[14] [宋] 潜说友 . 咸淳临安志 [M]. 杭州：浙江古籍出版社，2012.

[15] [五代] 赵崇祚 . 花间集 [M]. 宋绍兴十八年刻本 .

[16] [五代] 马缟 . 中华古今注 [M].《丛书集成初编》本 .

[17] [五代] 孙光宪 . 北梦琐言 [M]. 北京：中华书局，2002.

[18] [宋] 佚名 . 尊前集 [M]. 南昌：江西人民出版社，1984.

[19] [宋] 胡仔 . 苕溪渔隐丛话 [M]. 北京：人民文学出版社，1962.

[20] [宋] 江休复 . 醴泉笔录 [M]. 清道光刻本 .

[21] [宋] 刘斧 . 青琐高议 [M]. 北京：中华书局，1959.

[22] [宋] 陶谷 . 清异录 [M].《丛书集成初编》本 .

[23] [宋] 王德臣 . 麈史 [M]. 上海：上海古籍出版社，1986.

[24] [宋] 袁褧 . 枫窗小牍 [M].《丛书集成初编》本 .

[25] [宋] 程颢 . 家世旧事 [M].《全宋笔记》本 .

[26] [宋] 杨亿 . 杨文公谈苑 [M].《全宋笔记》本 .

[27] [宋] 钱世昭 . 钱氏私志 [M].《全宋笔记》本 .

[28] [宋] 李廌 . 师友谈记 [M]. 北京：中华书局，2002.

[29] [宋] 曾慥 . 类说 [M]. 文渊阁四库全书本 .

[30] [宋] 王栐 . 燕翼诒谋录 [M]. 北京：中华书局，1981.

[31] [宋] 高承 . 事物纪原 [M]. 北京：中华书局，1989.

[32] [宋] 洪迈 . 容斋随笔 [M]. 孔凡礼，点校 . 北京：中华书局，2005.

[33] [宋] 程大昌 . 演繁露 [M]. 北京：中华书局，2018.12.

[34] [宋] 洪巽 . 旸谷漫录 [M].《笔记小说大观》本 .

[35] [宋] 张邦基 . 墨庄漫录 [M]. 上海：上海古籍出版社，1992.

[36] [宋] 赵彦卫 . 云麓漫钞 [M]. 上海：上海古籍出版社，1992.

[37] [宋] 陆游 . 老学庵笔记 [M]. 北京：中华书局，1979.

[38] [宋] 赵令畤 . 侯鲭录 [M]. 北京：中华书局，2002.

[39] [宋] 岳珂 . 桯史 [M]. 西安：三秦出版社，2004.

[40] [宋] 周辉 . 清波杂志 [M]. 北京：中华书局，1994.

[41] [宋] 陆游 . 南唐书 [M]. 上海中华书局，据汲古阁本校刊本 .

[42] [宋] 徐大焯 . 烬余录 [M]. 国家图书馆藏本 .

[43] [宋] 曹勋 . 北狩见闻录 [M]. 文渊阁四库全书本 .

[44] [宋] 楼钥 . 攻媿集 [M]. 文渊阁四库全书本 .

[45] [宋] 刘一止 . 苕溪集 [M]. 文渊阁四库全书本 .

[46] [宋] 梁克家 . 淳熙三山志 [M]. 文渊阁四库全书本 .

[47] [宋] 邓椿 . 画继 [M]. 北京：人民美术出版社，1964.

[48] [宋] 洪迈 . 夷坚志 [M]. 北京：中华书局，2006.

[49] [宋] 范大成 . 揽辔录 [M].《丛书集成初编》本 .

[50] [宋] 周辉 . 北辕录 [M].《丛书集成初编》本 .

[51] [宋] 陈元靓 . 事林广记 [M]. 北京：中华书局，1999.

[52] [宋] 张云冀 . 重编详备碎金 [M]. 日本天理大学图书馆藏本 .

[53] [明] 佚名 . 碎金 [M]. 明内阁大库洪武本 .

[54] [明] 佚名 . 明本大字应用碎金 [M]. 国家图书馆藏本 .

[55] [明] 陶宗仪 . 说郛 [M]. 北京：中国书店，1986.

今人论著

[1] 巫鸿，李清泉.宝山辽墓材料与释读 [M].上海：上海书画出版社，2013.

[2] 赣州市博物馆.慈云祥光 赣州慈云寺塔发现北宋遗物 [M].文物出版社，2019.

[3] 陕西省考古研究院，等.蓝田吕氏家族墓园 [M].北京：文物出版社，2018.

[4] 宿白.白沙宋墓 [M].北京：文物出版社，1957.

[5] 郑州市文物考古研究所.郑州宋金壁画墓 [M].北京：科学出版社，2005.

[6] 肖卫东，等.泸县宋代墓葬石刻艺术 [M].成都：四川民族出版社，2016.

[7] 福建省博物馆.福州南宋黄昇墓 [M].北京：文物出版社，1982.

[8] 德安县博物馆.德安南宋周氏墓 [M].南昌：江西人民出版社，1999.

[9] 隆化民族博物馆.洞藏锦绣六百年 河北隆化鸽子洞洞藏元代文物 [M].北京：文物出版社，2015.

[10] 张玲.那更罗衣峭窄裁：南宋女装形制风格研究 [M].北京：中国传媒大学出版社，2020.

[11] 镇江博物馆.镇江出土金银器 [M].北京：文物出版社，2012.

[12] 湖南省博物馆.湖南宋元窖藏金银器的发现与研究 [M].北京：文物出版社，2009.

[13] 喻燕姣.湖南出土金银器 [M].长沙：湖南美术出版社，2009.

[14] 齐东方.中国美术全集 金银器玻璃器 [M].合肥：黄山书社，2010.

[15] 扬之水.奢华之色 宋元明金银器研究 [M].北京：中华书局，2016.

[16] 扬之水.中国古代金银首饰 [M].北京：紫禁城出版社，2014.

[17] 扬之水.定名与相知 博物馆参观记 [M].桂林：广西师范大学出版社，2018.

[18] 邓小南.祖宗之法 北宋前期政治述略 [M].北京：生活·读书·新知三联书店，2014.

后记（一） 拾上落花 妆旧枝

　　近人说宋，总是述及其富足、繁荣、风雅、精微，似乎这段历史轻轻巧巧便可读过。我却实在觉得宋史真难读，因为常见沉痛血泪，难以旷达释怀。读两宋之际靖康、建炎以来一段史事时，更觉字字惊心。一度想以此写一系列故事，却因为精神实在不堪重负作罢，最终完成的只有《握画笔的少年》《浣衣裳的帝姬》两个残篇。

　　雕栏玉砌已不再，故梦山河已改，这样比较起来，倒是宋代文学的生命更久长，幽香细细，不曾断绝。想要悠闲无为、不落多少爱憎地读宋词，我选择读《花间》一路婉约柔丽的小令短词，此后又喜李易安写情状物的安稳妥帖。读史所获的愤慨，倒是逐渐被"旧时天气旧时衣"的淡淡感伤所安慰了——我读史时那自以为沉浸其中的悲悯，到底也只是隔着岁月、无关紧要的"空中语"。

　　我原就对古代文学作品中琐琐细细的名物感兴趣。随着读宋词越来越多，也时常遇到许多新鲜事物，需要对应宋人笔记或考古文物才能知晓大概。两宋时代的名物研究，早已有扬之水先生的诸本著作如高山一般横亘在前（《奢华之色·宋元明金银器研究》《中国古代金银首饰》）。而"中国妆束"书系的这本宋代卷，与衣饰名物相关的内容，大致也是沿着扬之水先生开创的路径浅浅略作一些效颦文字。写作过程中时常担心：我所学本不在此道，又能够写出多少新见呢？于是我生出了畏难怕事的退缩之心。

可是，哪怕"无心再续笙歌梦"，飞花却仍旧，啼鹃也仍旧。记得我有一回同旧友共读小山词，读到"记得小苹初见，两重心字罗衣"（晏几道《临江仙》）一句，友问"两重心字"图样如何，我惊忆起自己所见一例"两重心字"的实例，竟是来自遥远北地的五国城遗址，原是一面宋金时代的铜镜背后所镌。不知它昔年是谁人所用，会是随"二帝北狩"的哪个汴京旧宫人吗？还是哪个对汴京货大感惊喜的金人妻房？一路兜兜转转，我的思绪又回到原点，想到自己搁笔的故事集，胸中块垒难以浇灭，依旧避无可避。

我要去实实在在寻找宋人的真实。但在实际写作过程中，仍有不少棘手的地方。首先，在正史叙述与诗词文学之外，还有篇幅极为浩繁的宋人笔记，我大多只是草草翻阅，必然有不少遗漏之处。其次，相对唐朝（尤其盛唐以前）而言，宋代考古材料中服饰相关的内容实在是太少。北宋前期直至哲宗朝一段，都缺乏年代明确的相关材料。直到此后的哲宗朝、徽宗朝，才有了大量墓葬出土壁画、俑像乃至服饰实物展现最终以"宣和妆束"为特色的繁荣女装时尚。至南宋，前期又是一大段材料空白，直到中后期的理宗朝才又有多座墓葬发现女装实物。

本书中的穿衣部分的《韵致衣装成语谶》及首饰部分的北宋管氏、南宋黄昇、周氏、陈氏诸篇早在四五年前就已成文。后续诸篇却因为掌握材料不足，陆陆续续拖沓了许久。

不过其间却陆续有新考古发现、新文物修复成果出现。如中国社科院考古所的王亚蓉先生一行成功修复了大量北宋前期的绘画（《慈云祥光：赣州慈云寺塔发现北宋遗物》），其中就不乏宋初女性的形象，填补了这段服装史的空白。此后，又陆续有了几座宋初纪年壁画墓与寺庙地宫发掘，有了一些零星的文物对照。至此，我终于对宋初女性妆束有了比较明确的认知——自然是和晚唐五代风格一脉相承，若干服装构件、层次都没有发生大的变化。

女性服饰上的"唐宋变革"，大概可以说是发生在北宋中期，妆束审美渐次从宫廷贵族向士族化、平民化发展。这一段虽考古材料仍较为缺乏，但也还有一些传世的绘画或寺观造像可填补。北宋中期的服饰之变也得以大致完成。

至于南宋，前期主要仍要依靠大量传世的南宋人物画。一部分如《大德寺五百罗汉图》等是有时代纪年的，另一些如《歌乐图》等没有明确年代，我凭借个人经验将这些画作进行了大致的分期断代。南宋后期除宋画之外，更有多座墓葬出土的服饰实物给予直观展现，其中一部分也有考古报告出版，如《福州南宋黄昇墓》《德安南宋周氏墓》，其余一部分墓葬虽未出版考古报告，但出土物也多在各家博物馆出陈展览。南宋女性服饰的制作工艺，也已经有学者进行了详尽的分析研究，如张玲《那更罗衣峭窄裁：南宋女装形制风格研究》一书。

写到南宋的首饰部分，而后也陆续增补了周氏、田氏等人物的首饰组合推测。其中周氏头上所戴的绢花未见实物，因此使用了我所喜爱的一种宋代园艺月季"粉妆楼"的形象；田氏头上的金质假髻也改为由长簪撑起的真发。北宋段氏、南宋杨君樾的形象是反复思索后才保留在书中的。她们的形象并非复原重构，而是依据散乱文物进行的想象。其中段氏的时代处在北宋前期的文物资料缺乏期，不得不勉强补入；而杨君樾的墓志铭中记载了她的人生故事，颇为动人，因此也一并收录。

前一本书《中国妆束：大唐女儿行》出版后，有读者抱怨妆容、发型部分相较衣饰部分来说太单薄。这里也略加申辩，实在是相关文字记载不多，考古材料也仍旧太缺乏，有待来日的缘故。宋代这本索性将妆容、发型等内容合在梳妆一章来讲，可用的文献材料倒是相较唐代更多一些。

总的来说，这仍旧是一本介绍宋代富足、繁荣、风雅、精微的书。明月曾照彩云归，从宋代遗存至今的诸多文物与文字细节无一不展现着宋时女子衣饰妆发、日常生活中的精致。想起宋人《青琐高议》录一惜花道人诗："敲开败箨露新竹，拾上落花妆旧枝。"我费心劳力地从这些故纸锦灰中的旧事中拾几片残花，勉强成此蕞尔一编，妆点的也仍是千百年前的旧枝。

不过，既然"中国妆束"系列也是作为女性史的一部分，我依旧忍不住"话分两头"，希望读者能注意到，其中能够发掘不少具有现代意义的题目：《花间》这类描写女性的文学作品中为何女性反而是缺位的？宋代女性的才艺是迎合男性还是满足自身精神需求？为何文人会热衷记载亡国前的女性妆束时尚？以及最后也最重要的——在赞美宋代精美雅致的同时，也应当直面正视缠足、理学等给宋代女性带来的身体、精神上的痛苦。

因为我自身对宋代的材料掌握得不算全面、熟悉，加上病体缠延，这本书前后拖延了大概也有近五年之久。感谢插画师末春的长期配合与坚持，经历了无数次不厌其烦的商定细节、改易画稿，才有了书中这些精美直观的插图呈现。责编一琳也为本书的出版付出了大量心血。书稿写作期间，也还有不少师友提供了帮助、建议，在此致以衷心感谢。

本书文字只是我寻找真实、追问历史的一点不算结果的结果，难免会有错讹之处，还望读者指正与包涵。

左丘萌

2023年立春

后记（三）

　　"中国妆束"系列最早的插图开始绘制于2017年，唐本独立先出版后，宋本在拓充的过程中，我逐渐意识到早前绘制的作品已不太适合，可能是在这个题材上我比过去画得更成熟了些，如果用早画的插图来出版的话，会有些遗憾甚至感到羞愧，所以2021—2022年又陆陆续续将先前画的大部分都重绘制了一遍，画完自觉比旧版好很多，投入的时间也验证了自己的进步。

　　回想参与这本书的创作对于我个人的绘画创作方向是有很深的影响的，过去只将中国传统绘画作为素材收集的我开始真正感受到它的魅力，虽然在艺术价值的评断排序中，人物题材的地位远不及山水题材，但我个人无疑对人物画是最有感受力的，当然我这里也专指以女性人物为主体的传世作品。从浅显鉴赏古人塑造的女子容貌和形体姿态（这是非常直觉的最先被感知的部分）到以研究绘画技法为出发点去观察运笔的细节、色彩的铺陈、画面的构图、空间的关系、氛围的渲染等，再到了解一些历史背景的相关信息，能归纳到一些相近时代作品的特性，以及定位到其在美术史流变中的位置。将现阶段我所能感知到的

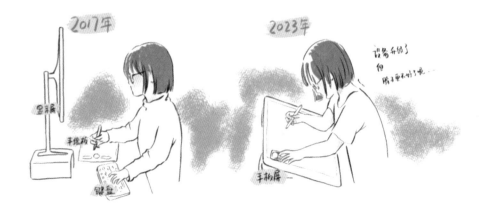

● 创作过程

运用到我自己作品的创作实践中，学习而不单纯的模仿古人的画作，也要避免为了效率而偷懒——画成市场上已有的"古风"的风格样式，形成自己的创作语言，也期待自己的作品在同主题的画作中能被人清晰的识别出来。

不过我不擅长分析和总结自己的技法，虽然用CG创作已经很多年了，但对笔刷的运用也时常不得要领，技法上的东西我甚至很难复制我自己，总之，就是还在用比较笨的在画画，这让为图书创作插图所需的效率打了些折扣，而我也需要学习，在一件需要反复打磨、修改且并不能即时得到正反馈的事情中，习得耐心做下去的能力。

宋本重新创作所跨的时间区间里，我个人常处在一个心理能量很低的状况，不过近年也有了一些与以往很不一样的尝试，比如我开始了运动，通过相对物理的方式来感知自己，也尝试冥想，学习放松和宽慰自己。虽然并不确信这些能否带来质的变化，但至少我有希望自己变得更好的愿望。好好生活才能延长创作生命啊！

在正好与疫情重叠的漫长时间里，画这本书成了诸事不确定中最明确有序的事情，与左丘萌、一琳的联系也成了我为数不多的与外界沟通交流的机会，依旧有幸参与其中，也为创作中国妆束的续册心怀期待。

附：《宋新娘》的创作过程

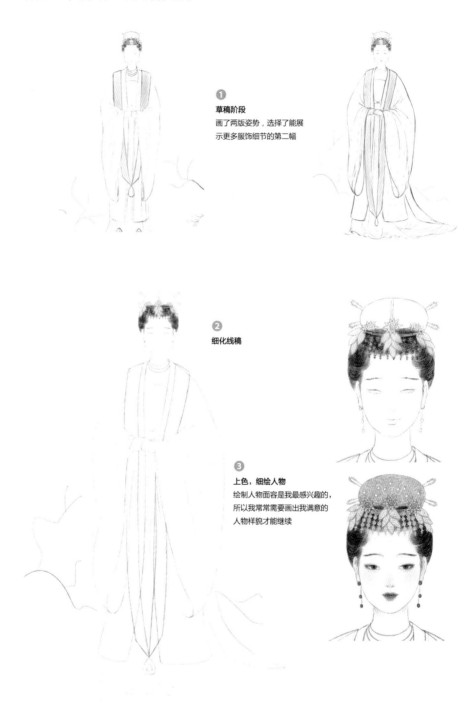

1
草稿阶段
画了两版姿势，选择了能展
示更多服饰细节的第二幅

2
细化线稿

3
上色，细绘人物
绘制人物面容是我最感兴趣的，
所以我常常需要画出我满意的
人物样貌才能继续

❹ 整体上色
用类似于绢本工笔中的渲染方式

❺ 绘制完成
最后加绘国画风格的花和雾山做人物背景

末春

2023年3月5日

※ 参照书中 34-35 页内容，
选择合适的贴纸组合搭配

※ 参照书中 52-53 页内容，
选择合适的贴纸组合搭配

❹

赶上裙

（时装的"衫儿裙儿"穿搭）　　　　　（日常的"衫子裆衲

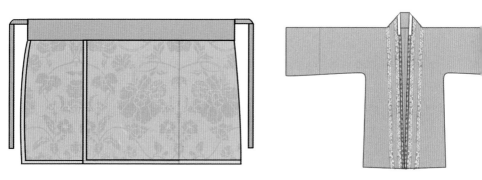

赶上裙　　　　　　　　　衫子

南宋・理宗淳祐三年
1243年

南宋·度宗咸淳十年

1274年

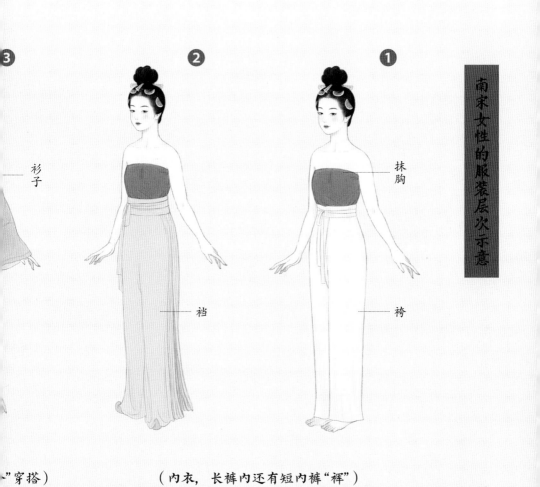

衫子

抹胸

裆

袴

③ ② ①

南宋女性的服装层次示意

（　　"穿搭）　　　（内衣，长裤内还有短内裤"裈"）

抹胸

裆　　　裈　　　袴

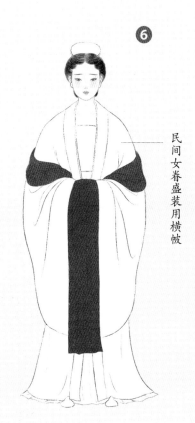

民间女眷盛装用横帔

官宦女眷盛装用霞帔（下挂坠子）

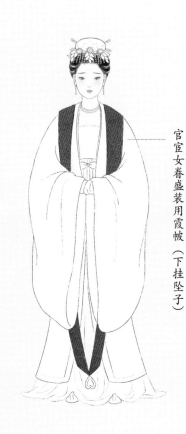

（礼服部分本书未深入讲解，仅作大致示意）

（正式的"大衣长裙"穿搭）

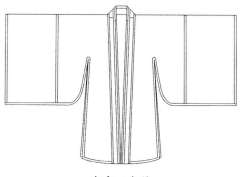

大衣／大袖

南宋·高宗朝
1127—1162年

南宋·孝宗朝
1163—1189年

李清照夫妇

※ 参照书中 118-119 页内容,
选择合适的贴纸组合搭配

※ 参照书中 126-128 页内容,
选择合适的贴纸组合搭配

背子

褶裙

⑤

（半正式的"裙背"穿搭）

背子

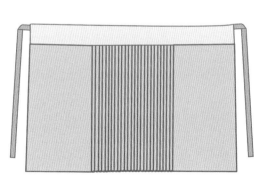

褶裙

南宋・理宗端平二年

1235年

③ 描眉　　　　　　　　② 涂胭脂

北宋·哲宗朝

1086—1100年

面花　　　　　❹ 点唇

北宋·神宗朝
1068—1085年

北宋·仁宗朝
1023—1063年

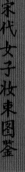

宋代女子妆束图鉴

北宋·真宗朝
998—1022年

北宋前期

6 额黄

宋朝女性妆容步骤

1 傅粉

北宋·徽宗崇宁年间
1102—1106年

北宋·徽宗大观年间
1107—1110年

北宋·徽宗宣和年间
1119—1126年